高等学校教材 11

基础数论入门

INTRODUCTION TO BASIC NUMBER THEORY

孙智伟 编著

哈爾濱工業大學出版社
HARBIN INSTITUTE OF TECHNOLOGY PRESS
HITP

内容简介

这本教材包含了初等数论的基础知识，穿插了有关史料及费马、欧拉、高斯等数论大师的生平事迹，也介绍了许多数论名题及相关进展．本书包括正文 7 章及附录：自然数的基本性质，整除性、素数及算术基本定理，带余除法、最大公因数及最小公倍数，辗转相除法与线性丢番图方程，同余式、剩余类及中国剩余定理，欧拉定理、费马小定理及威尔逊定理，二次剩余理论及其应用，作者提出的十个数论猜想．本书起点较低，在每章后都配有习题，便于具有高中以上水平的读者自学．

本书可作为高等学校“初等数论”课程的入门教材，也可作为高中数学教师的参考用书．

图书在版编目（CIP）数据

基础数论入门/孙智伟编著．—哈尔滨：哈尔滨工业大学出版社，2014．4（2023．7 重印）

ISBN 978－7－5603－4189－7

Ⅰ．①基… Ⅱ．①孙… Ⅲ．①数论—高等学校—教材 Ⅳ．①O156

中国版本图书馆 CIP 数据核字（2013）第 169924 号

策划编辑　刘培杰　张永芹
责任编辑　张永芹　齐新宇
封面设计　孙茵艾
出版发行　哈尔滨工业大学出版社
社　　址　哈尔滨市南岗区复华四道街 10 号　邮编 150006
传　　真　0451－86414749
网　　址　http://hitpress.hit.edu.cn
印　　刷　哈尔滨市颉升高印刷有限公司
开　　本　787mm×960mm　1/16　印张 5.75　字数 120 千字
版　　次　2014 年 4 月第 1 版　2023 年 7 月第 8 次印刷
书　　号　ISBN 978－7－5603－4189－7
定　　价　28.00 元

前　　言

数学是自然科学的女王,数论则是数学的女王.

——高斯(Gauss,1777－1855)

上帝创造了自然数,其他(数学工作)都是人造的.

——克罗内克(Kronecker,1823－1891)

数论是研究整数性质的一个重要数学分支,被大数学家高斯称为"数学的女王".我国古代数学家秦九韶、现代数学家华罗庚与陈景润等都在这一领域作出过杰出的贡献.

初等数论致力于用初等方法研究整数的基本性质.

编写本书时,我们参考了教育部对高中"初等数论初步"的要求,也兼顾到大学"初等数论"课程应涵盖的基本内容.书中包含了规定的初等数论的基础知识,穿插了有关史料及费马(Fermat,1601—1665)、欧拉(Euler,1707—1783)、高斯等数论大师的生平事迹,也介绍了许多数论名题(如哥德巴赫(Goldbach,1690—1764)猜想与费马大定理)及相关进展,并提供了有关网址供同学们查阅进一步的文献资料.

为让学有余力的同学能学到更多、更深入的东西,书中也配备了少量较难的定理、例题及习题.标以 * 的部分不属于高中生必须掌握的范围,但有助于加深同学们对基础知识的理解并开拓同学们的视野.这部分内容可供学生课外阅读,老师也可选择性地教一些.

著名的"Number Theory Web"(网址为 http://www.numbertheory.org/)收集了几乎所有关于数论的重要信息,R. K. Guy 的名著 Unsolved Problems in Number Theory (《数论中未解决问题》)第 3 版(德国施普林格(Springer)出版社,2004 年)包含了大量各式各样的未解决难题及相关参考文献,这些值得推荐给讲授"基础数论入门"的老师们.

孙智伟(南京大学数学系)

2013 年 9 月 16 日

目　录

第1章　自然数的基本性质

所谓自然数就是非负整数,大家在小学就已学过自然数及其运算.

0是最初的自然数,下一个自然数记为1,再下一个自然数记为2,如此等等.如果n是自然数,则n的下一个自然数为$n'=n+1$,它也叫作n的后继.0前面没有自然数,它不是任何自然数的后继.不同的自然数没有相同的后继,例如,89不同于98,它们的后继90与99也不同.

1889年,皮亚诺(Peano,1858—1932)把上面几条作为自然数最基本的性质.帕斯卡(Pascal,1623—1662)首先提出的下述数学归纳法也是很基本的.

数学归纳法　任给关于自然数n的一个命题$P(n)$,如果$P(0)$成立,而且对任何自然数n只要$P(n)$成立便有$P(n+1)$成立,则命题$P(n)$对所有自然数n成立.

数学上一般用$\mathbf{N}$表示自然数集$\{0, 1, 2, \cdots\}$.

例1.1　用数学归纳法证明:对任何$n\in\mathbf{N}$,都有$2^n\geqslant n+1$.

证明　因$2^0=1=0+1$,故当$n=0$时不等式成立.

假设对于$n\in\mathbf{N}$已有$2^n\geqslant n+1$,则

$$2^{n+1}=2\times 2^n\geqslant 2(n+1)=2n+2\geqslant(n+1)+1.$$

由上,根据数学归纳法便得到所要结论.

数学归纳法的下述形式更为常见.

数学归纳法的一般形式　设命题$P(m)$对于整数$m\geqslant m_0$有意义,其中m_0是整数.假定$P(m_0)$成立(这叫**奠基**);并且对任何整数$m\geqslant m_0$,如果假设$P(m)$成立(这叫**归纳假设**),那么$P(m+1)$成立(这叫**归纳步骤**).则对于整数$m\geqslant m_0$总有$P(m)$.

注意$P(m)$对所有整数$m\geqslant m_0$成立相当于$P(m_0+n)$对所有自然数n成立,由此立即可由数学归纳法导出上述数学归纳法的一般形式.

给了有限个数 $a_m, a_{m+1}, \cdots, a_n$,常记

$$\sum_{i=m}^{n} a_i \left(或 \sum_{m \leqslant i \leqslant n} a_i\right) = a_m + a_{m+1} + \cdots + a_n,$$

$$\prod_{i=m}^{n} a_i \left(或 \prod_{m \leqslant i \leqslant n} a_i\right) = a_m \times a_{m+1} \times \cdots \times a_n,$$

这里大写希腊字母 $\sum$ 与 $\prod$(相应的小写字母为 σ 与 π)分别叫作求和号、求积号, i 叫作流动下标, m 叫作下限, n 叫作上限.

例 1.2 求证:对任何正整数 n,都有

(1) $\sum_{i=1}^{n} i = 1 + 2 + 3 + \cdots + n = \frac{n(n+1)}{2}$;

(2) $\sum_{i=1}^{n} (2i-1) = 1 + 3 + 5 + \cdots + (2n-1) = n^2$.

证明 先用数学归纳法来证明(1).

奠基:显然 $\sum_{i=1}^{1} i = 1 = \frac{1(1+1)}{2}$,故 $n=1$ 时结论正确.

归纳步骤:设对于正整数 n 已有 $\sum_{i=1}^{n} i = \frac{n(n+1)}{2}$,则

$$\begin{aligned}\sum_{i=1}^{n+1} i &= \sum_{i=1}^{n} i + (n+1) = \frac{n(n+1)}{2} + (n+1) \\ &= (n+1)\left(\frac{n}{2} + 1\right) = \frac{(n+1)((n+1)+1)}{2},\end{aligned}$$

故(1)对任何正整数 n 都成立.

再证(2). 利用(1)可得

$$\sum_{i=1}^{n} (2i-1) = 2\sum_{i=1}^{n} i - n = 2 \times \frac{n(n+1)}{2} - n = n^2,$$

也可用数学归纳法证明(2).

对于正整数 n,我们把 $\prod_{i=1}^{n} i = 1 \times 2 \times \cdots \times n$ 记为 $n!$,读作 n 的阶乘. 此外还约定 $0! = 1$. 对于自然数 $n \geqslant k \geqslant 0$,我们称

$$\binom{n}{k} = \frac{n!}{k!(n-k)!}$$

为组合数,记号 $\binom{n}{k}$ 是国际通用的,它正是从 n 个不同物体中选出 k 个(不考虑顺

序)的方法数 C_n^k.

当 $n\geqslant k\geqslant 0$ 时显然有 $\binom{n}{k}=\binom{n}{n-k}$，而且 $\binom{n}{0}=\binom{n}{n}=1$.

例 1.3　用数学归纳法证明：当 $k,\ n\in\mathbf{N}$ 且 $k\leqslant n$ 时，$\binom{n}{k}$ 总为整数.

证明　我们对 k 进行归纳.

奠基：对任何自然数 $n\geqslant k=0$，都有

$$\binom{n}{k}=\binom{n}{0}=1.$$

归纳步骤：设对于自然数 k，当 $n=k,\ k+1,\ \cdots$ 时 $\binom{n}{k}$ 都为整数(归纳假设)，我们要证 $\binom{n}{k+1}$ 对所有的 $n\geqslant k+1$ 都为整数. 为此，再对 $n\geqslant k+1$ 进行归纳.

显然 $\binom{k+1}{k+1}=1$ 为整数. 假设 $n\geqslant k+1$ 且 $\binom{n}{k+1}$ 为整数，则

$$\binom{n+1}{k+1}=\frac{(n+1)!}{(k+1)!\ (n+1-(k+1))!}=\frac{n!}{k!\ (n-k)!}\times\frac{n+1}{k+1}$$

$$=\frac{n!}{k!\ (n-k)!}(1+\frac{n-k}{k+1})=\binom{n}{k}+\binom{n}{k+1}.$$

依两层归纳假设，$\binom{n}{k}$ 与 $\binom{n}{k+1}$ 都是整数. 因而 $\binom{n+1}{k+1}$ 为整数. 这就完成了对 $n\geqslant k+1$ 的归纳，从而也完成了对 k 的归纳步骤.

在例 1.3 的证明中使用数学归纳法时又嵌套了一层数学归纳法. 在处理关于多个自然数变元的命题时，这种方法常常用到.

例 1.4　用数学归纳法证明：当 $n\in\mathbf{N}$ 时

$$\sum_{k=0}^{n}\binom{n}{k}=\binom{n}{0}+\binom{n}{1}+\cdots+\binom{n}{n-1}+\binom{n}{n}=2^n.$$

证明　显然 $\binom{0}{0}=1=2^0$. 假设对 $n\in\mathbf{N}$ 已有 $\sum\limits_{k=0}^{n}\binom{n}{k}=2^n$，则

$$\sum_{m=0}^{n+1}\binom{n+1}{m}=\binom{n+1}{0}+\binom{n+1}{n+1}+\sum_{1\leqslant m\leqslant n}\binom{n+1}{m}$$

$$=2+\sum_{0\leqslant k<n}\binom{n+1}{k+1}$$

$$= \binom{n}{n} + \binom{n}{0} + \sum_{0 \leqslant k < n} \left(\binom{n}{k} + \binom{n}{k+1} \right) \quad (\text{由例 1.3 的证明})$$

$$= \sum_{k=0}^{n} \binom{n}{k} + \sum_{j=0}^{n} \binom{n}{j}$$

$$= 2^n + 2^n \quad (\text{由归纳假设})$$

$$= 2^{n+1}.$$

下述的串值归纳法也很有用.

串值归纳法 任给关于自然数 n 的一个命题 $P(n)$，假设 $P(0)$ 成立，而且对任何 $n \in \mathbf{N}$ 只要 $P(0), \cdots, P(n)$ 都成立便有 $P(n+1)$，则命题 $P(n)$ 对所有自然数 n 成立.

证明 对 $n \in \mathbf{N}$，让命题 $Q(n)$ 表示 $P(0), \cdots, P(n)$ 都成立，注意 $Q(0)$ 成立，而且对任何 $n \in \mathbf{N}$，由 $Q(n)$ 成立可得 $Q(n+1)$ 成立. 根据数学归纳法，对每个 $n \in \mathbf{N}$，都有 $Q(n)$，从而也有 $P(n)$.

当然也有串值归纳法的一般形式.

例 1.5 斐波那契(L. Fibonacci，约 1170—约 1250)数列 $\{F_n\}$ $(n \in \mathbf{N})$ (由斐波那契在 1202 年研究兔子繁殖问题时引入(参看本章习题 1.6))有如下递推定义

$$F_0 = 0, \ F_1 = 1, \ F_{n+1} = F_n + F_{n-1} \quad (n = 1, 2, \cdots).$$

(如此，$F_2 = F_0 + F_1 = 1$，$F_3 = F_1 + F_2 = 2$，$F_4 = F_2 + F_3 = 3$，$F_5 = F_3 + F_4 = 5, \cdots.$)
试证明：斐波那契数列有下述通项公式

$$F_n = \frac{1}{\sqrt{5}} \left(\left(\frac{1+\sqrt{5}}{2} \right)^n - \left(\frac{1-\sqrt{5}}{2} \right)^n \right) \quad (n = 0, 1, 2, \cdots).$$

证明 记 $\alpha = \frac{1+\sqrt{5}}{2}$，$\beta = \frac{1-\sqrt{5}}{2}$，则 $\alpha + \beta = 1$ 且 $\alpha\beta = -1$. 我们使用串值归纳法来证明当 $n \in \mathbf{N}$ 时，$F_n = \frac{\alpha^n - \beta^n}{\alpha - \beta}$.

显然

$$F_0 = 0 = \frac{\alpha^0 - \beta^0}{\alpha - \beta}, \ F_1 = 1 = \frac{\alpha^1 - \beta^1}{\alpha - \beta}.$$

假设 n 为正整数，且对 $m = 0, 1, \cdots, n$ 已有 $F_m = \frac{\alpha^m - \beta^m}{\alpha - \beta}$，则

$$F_{n+1} = F_n + F_{n-1}$$

$$
\begin{aligned}
&= \frac{\alpha^n - \beta^n}{\alpha - \beta} + \frac{\alpha^{n-1} - \beta^{n-1}}{\alpha - \beta} \quad \text{(由归纳假设)} \\
&= \frac{\alpha^n - \beta^n}{\alpha - \beta} - \alpha\beta \frac{\alpha^{n-1} - \beta^{n-1}}{\alpha - \beta} \\
&= \frac{\alpha^n(1-\beta) - \beta^n(1-\alpha)}{\alpha - \beta} \\
&= \frac{\alpha^{n+1} - \beta^{n+1}}{\alpha - \beta}.
\end{aligned}
$$

数学归纳法是处理自然数命题最基本也最常见的方法. 它让我们能对尚未看透本质的命题就给出归纳证明,即可以"知其然,而不知其所以然". 例 1.5 就是一个典型的例子,在不知道如何发现斐波那契数列通项公式时,却可以证明它是对的.

自然数集 $\mathbf{N}$ 上的小于或等于关系"$\leqslant$"满足下述基本性质:

(1)(**自反性**)对 $n \in \mathbf{N}$,总有 $n \leqslant n$;

(2)(**反对称**)对于 $m, n \in \mathbf{N}$,如果 $m \leqslant n$ 且 $n \leqslant m$,则必有 $m = n$(换句话说,由 $m < n$ 推不出 $n < m$);

(3)(**传递性**)对于 $k, m, n \in \mathbf{N}$,如果 $k \leqslant m$ 且 $m \leqslant n$,则必有 $k \leqslant n$;

(4)(**可比性**)任给 $m, n \in \mathbf{N}$,则 $m \leqslant n$ 或者 $n \leqslant m$(亦即 $m < n$, $m = n$, $m > n$ 这三者之一成立).

鉴于此,我们可将全体自然数由小到大线性地排列起来,"$\leqslant$"被称为 $\mathbf{N}$ 上的一个**线性序**.

自然数集 $\mathbf{N}$ 还有下述重要性质,它与数学归纳法实质上等价.

最小数原理 自然数集 $\mathbf{N}$ 的任一个非空子集必有最小元.

证明 设 $\mathbf{N}$ 的子集 S 没有最小元,我们来说明 S 就是空集 $\varnothing$,即任何自然数 n 都不属于 S.

显然 $0 \notin S$,否则 0 是 S 的最小元.

设 $n \in \mathbf{N}$ 且 $0, \cdots, n$ 都不属于 S. 假设 $n+1 \in S$,则因 $n+1$ 不是 S 的最小元,S 中有自然数 $m < n+1$. 由于 $0 \leqslant m \leqslant n$,依归纳假设知 $m \notin S$. 矛盾表明必有 $n+1 \notin S$.

由上,依串值归纳法可知,任何 $n \in \mathbf{N}$ 都不属于 S.

阅 读

考拉兹(L. Collatz)猜想 考拉兹在 1937 年提出了下述著名猜想:任给正整

数 a_0，对 $n\in\mathbf{N}$ 令

$$a_{n+1}=\begin{cases}3a_n+1 & \text{当 } a_n \text{ 为奇数时}\\ \dfrac{a_n}{2} & \text{当 } a_n \text{ 为偶数时}\end{cases},$$

则序列 $a_0, a_1, a_2, \cdots$ 中必有1. 例如，从 $a_0=7$ 出发，我们就有

$$7\to22\to11\to34\to17\to52\to26\to13$$
$$\to40\to20\to10\to5\to16\to8\to4\to2\to1.$$

这个考拉兹猜想(也称为 $3x+1$ 猜想)已被验证到 $a_0\leqslant5.764\times10^{18}$. 尽管已有许多研究工作，但离最终解决此猜想还很遥远.

习题1

1.1 用数学归纳法证明：对 $n=4, 5, \cdots$，有 $2^n\geqslant n^2$.

1.2 已知自然数 k, m, n 满足 $k\leqslant m<n$，且诸 a_i 与 $b_i(k\leqslant i\leqslant n)$ 都为实数. 证明

$$\sum_{i=k}^{m}a_i+\sum_{i=m+1}^{n}a_i=\sum_{i=k}^{n}a_i,\ \sum_{i=k}^{m}(a_i+b_i)=\sum_{i=k}^{m}a_i+\sum_{i=k}^{m}b_i.$$

1.3 证明：当 n 为正整数时，$\sum_{k=1}^{n}k^2=1^2+2^2+\cdots+n^2=\dfrac{n(n+1)(2n+1)}{6}$.

1.4 用数学归纳法的一般形式证明：当 $m, n\in\mathbf{N}$ 且 $m\geqslant n$ 时，有朱世杰(Shih-Chieh Chu，约1249—1314)恒等式

$$\sum_{k=n}^{m}\binom{k}{n}=\binom{n}{n}+\binom{n+1}{n}+\cdots+\binom{m}{n}=\binom{m+1}{n+1}.$$

1.5 对 $k\in\mathbf{N}$ 定义 $\dbinom{x}{k}=\dfrac{(x)_k}{k!}$，这里 $(x)_0=1$，当 $k>0$ 时

$$(x)_k=x\cdot(x-1)\cdot\cdots\cdot(x-k+1).$$

(注意：$\dbinom{x}{k}$ 在整数 $n\geqslant k$ 处的值正好是组合数 $\dbinom{n}{k}$.)证明：对任何的 $k\in\mathbf{N}$，有

$$\binom{-x}{k}=(-1)^k\binom{x+k-1}{k}\ \text{且}\ \binom{x+1}{k+1}=\binom{x}{k}+\binom{x}{k+1}.$$

1.6(斐波那契)已知第一个月里仅有一对新生的(雌雄)小兔，一对新生小兔两个月后成熟，每个月里一对成熟的兔子生一对小兔. 如果没有意外情况发生，则到第 n 个月的月末共有 F_n 对兔子(这里 F_n 为斐波那契数).

1.7 试用数学归纳法证明：关于斐波那契数有下述邻项公式

$$F_{n-1}F_{n+1}-F_n^2=(-1)^n \quad (n=1,2,3,\cdots).$$

1.8 已知 $L_0=2$, $L_1=1$, $L_{n+1}=L_n+L_{n-1}(n=1,2,\cdots)$. 试证明:卢卡斯(E. Lucas,1842—1891)数 L_n 满足

$$L_n=2F_{n+1}-F_n=\left(\frac{1+\sqrt{5}}{2}\right)^n+\left(\frac{1-\sqrt{5}}{2}\right)^n \quad (n=0,1,2,\cdots),$$

并由此说明

$$\left(\frac{1\pm\sqrt{5}}{2}\right)^n=\frac{L_n\pm F_n\sqrt{5}}{2}.$$

*1.9 用串值归纳法证明斐波那契数的下述显式表示:

$$F_{n+1}=\sum_{0\leqslant k\leqslant\frac{n}{2}}\binom{n-k}{k} \quad (n\in\mathbf{N}).$$

第 2 章　整除性、素数及算术基本定理

为方便起见,我们用 $\mathbf{Z}$ 表示整数集(这是国际通用的记号),本书中用 $\mathbf{Z}^+$ 表示正整数集.

现实生活中,我们常常遇到类似下面的问题：$n\in\mathbf{Z}^+$ 颗糖果能否均匀分配给 m 个小朋友？n 副扑克牌共 $54n$ 张,它们能否在 m 个牌手中均分？这导致数论中引入整除性概念.

定义 2.1　对于 $a,\ b\in\mathbf{Z}$,如果有 $q\in\mathbf{Z}$ 使得 $aq=b$,则称 a **整除** b,记为 $a\mid b$. 此时也说 b 被 a 整除、a 是 b 的**因数**或**因子**、b 是 a 的**倍数**. 当 a 整除 b 不成立时,我们说 a 不整除 b,记之为 $a\nmid b$.

例如:$2\mid 8$, $-3\mid 15$, $0\nmid 5$, $4\nmid 54$.

被 2 整除的整数叫作**偶数**,不被 2 整除的整数叫作**奇数**. $\mathbf{Z}$ 中的偶数是

$$0,\ \pm2,\ \pm4,\ \pm6,\ \pm8,\ \cdots$$

$\mathbf{Z}$ 中的奇数是

$$\pm1,\ \pm3,\ \pm5,\ \pm7,\ \pm9,\ \cdots$$

易见 $\mathbf{Z}$ 上的整除关系具有下述基本性质：

(1) ±1 与 $\pm a$ 都整除 a;

(2) $a\mid b\Leftrightarrow |a|\,\big|\,|b|$(其中"$\Leftrightarrow$"表示"当且仅当");

(3) $a\mid 0$,当 $a\neq0$ 时, $0\nmid a$;

(4) 当 $a\mid b$ 且 $b\neq0$ 时, $|a|\leqslant|b|$;

(5) 如果 $a\mid b$ 且 $b\mid a$,那么 $|a|=|b|$;

(6) (**传递性**)当 $a\mid b$ 且 $b\mid c$ 时, $a\mid c$;

(7) $ac\mid bc\Leftrightarrow a\mid b$ 或 $c=0$;

(8) 如果 $a\mid b$ 且 $a\mid c$,那么 $a\mid b\pm c$.

自然数集 $\mathbf{N}$ 上的整除关系也满足自反性(即 $n\mid n$)、反对称性(当 $m\mid n$ 且 $n\mid m$ 时, $m=n$)与传递性(当 $k\mid m$ 且 $m\mid n$ 时, $k\mid n$),我们称它是 $\mathbf{N}$ 上的一个**半序**. 注意

它不是 $\mathbf{N}$ 上的一个线性序,因为没有可比性(例如 $6 \nmid 9$ 且 $9 \nmid 6$).

例 2.1　设 $a, b \in \mathbf{Z}$, $m, n \in \mathbf{N}$ 且 $m \mid n$,则 $a^m - b^m \mid a^n - b^n$.

证明　当 $m = n$ 时结论显然成立. 今设 $n = km$,这里 $k \in \mathbf{Z}^+$. 于是

$$\begin{aligned} a^n - b^n &= (a^m)^k - (b^m)^k \\ &= (a^m - b^m) \sum_{j=0}^{k-1} (a^m)^j (b^m)^{k-1-j}, \end{aligned}$$

由此可见

$$a^m - b^m \mid a^n - b^n.$$

定义 2.2　设 n 为大于 1 的整数,如果正整数 d 整除 n 且异于 1 和 n,则说 d 是 n 的**真因子**,此时 $1 < d < n$. 当 n 没有真因子时称 n 为**素数**或**质数**,否则就说 n 为**合数**. 整除 n 的素数叫作 n 的**素因子**.

合数 $n > 1$ 可表成 cd 的形式,这里 c 与 d 都是大于 1 且小于 n 的整数. 数 1 既不是素数也不是合数. 偶素数(即是偶数的素数)只有 2,因为 2×2, 2×3, 2×4, $\cdots$ 都是合数. 又如, 13 是奇素数,但 $15 = 3 \times 5$ 为合数, 3 与 5 都是 15 的素因子.

例 2.2　当 n 是大于 1 的整数时, $n^4 + 4$ 必为合数.

证明　显然

$$\begin{aligned} n^4 + 4 &= n^4 + 4n^2 + 4 - 4n^2 = (n^2 + 2)^2 - (2n)^2 \\ &= (n^2 + 2n + 2)(n^2 - 2n + 2). \end{aligned}$$

当 $n > 1$ 时

$$n^2 \pm 2n + 2 = (n \pm 1)^2 + 1 > 1.$$

因此 $n^4 + 4$ 为合数.

引理 2.1　对于整数 $n > 1$,它的大于 1 的因子中最小的一个必为素数(此素数称为 n 的**最小素因子**).

证明　设 d 是 n 的大于 1 的因子中最小的一个,显然 $1 < d \leqslant n$. 如果 d 有真因子 c,因 $c \mid d$ 且 $d \mid n$,我们有 $c \mid n$ 且 $1 < c < d \leqslant n$,这与 d 的选取矛盾. 因此 d 必为素数.

对于大于 1 的整数 n,我们用 $p(n)$ 表示 n 的最小素因子.

定理 2.1　(1)(爱拉托色尼(Eratosthenes,前 276—前 194)筛法)设 m, N 为正整数,且 $\sqrt{N} < m \leqslant N$,则 m 为素数当且仅当不超过 $\sqrt{N}$ 的素数都不整除 m.

(2)(欧几里得(Euclid,约前 330—前 275))素数有无穷多个.

(3)由小到大排列的第 n 个素数 p_n 不超过 $2^{2^{n-1}}$ $(n=1, 2, \cdots)$.

证明 先证(1). 如果 m 为素数,则它没有真因子,从而不被不超过 $\sqrt{N}<m$ 的素数所整除. 假如 m 是合数,则有大于 1 的整数 q 使得 $p(m)q=m$,于是利用引理 2.1 可得

$$p(m)=\sqrt{p(m)^2}\leqslant\sqrt{p(m)q}=\sqrt{m}\leqslant\sqrt{N},$$

因此 m 被不超过 $\sqrt{N}$ 的素数 $p(m)$ 所整除.

为证(2)与(3),我们引入费马数

$$F_n=2^{2^n}+1 \quad (n=0, 1, 2, \cdots).$$

对于正整数 n,利用平方差公式可得

$$\begin{aligned}\prod_{k=0}^{n-1}F_k &= (2^{2^0}-1)\cdot(2^{2^0}+1)\cdot(2^{2^1}+1)\cdot\cdots\cdot(2^{2^{n-1}}+1)\\ &= (2^{2^1}-1)\cdot(2^{2^1}+1)\cdot\cdots\cdot(2^{2^{n-1}}+1)\\ &\quad\vdots\\ &= (2^{2^{n-1}}-1)(2^{2^{n-1}}+1)\\ &= 2^{2^n}-1\\ &= F_n-2.\end{aligned}$$

如果 $0\leqslant k<n$ 且素数 p 既整除 F_k 又整除 F_n,则 p 整除 $F_n-F_0\cdot F_1\cdot\cdots\cdot F_{n-1}=2$,这与费马数只有奇素因子相矛盾.

依上,当 $0\leqslant k<n$ 时, $p(F_k)\neq p(F_n)$. 因此 $p(F_0)$, $p(F_1)$, $p(F_2)$, $\cdots$两两不同,这表明有无穷多个素数.

显然 $p_1=2=2^{2^{1-1}}$. 对于整数 $n\geqslant 2$, $p(F_0)$, $p(F_1)$, $\cdots$, $p(F_{n-2})$是两两不同的奇素数,这 $n-1$ 个素数与偶素数 2 都不超过 F_{n-2},因此

$$p_n\leqslant F_{n-2}\leqslant 2^{2^{n-2}+1}\leqslant 2^{2^{n-1}}.$$

欧几里得证明素数有无穷多个的原始方法可见本章习题 2.6.

阅 读

费马(图 2.1),法国人,业余数学家之王. 他的正式职业是律师与法律顾问,其大多数数学研究工作是通过写给朋友的信而流传于世的. 费马是近代数论的开创者,他极富创见地提出了包括费马小定理、费马大定理在内的许多数论命题,展现了他远超常人的直觉与令人敬畏的才能. 他也是微积分学的先驱者,还与帕斯卡一

起奠定了概率论的基础.

1640 年,费马引入现在所说的费马数 $F_n=2^{2^n}+1(n\in\mathbf{N})$. 他观察到 $F_0=3$, $F_1=5$, $F_2=17$, $F_3=257$, $F_4=65\ 537$ 都是素数,并猜测费马数总为素数. 1732 年,欧拉发现 $F_5=641\times 6\ 700\ 417$ 为合数,他还证明了当 $n\geqslant 2$ 时 F_n 的素因子都是 2^{n+2} 的倍数加 1. 1877 年,Pepin 获得下述判别法: F_n 为素数当且仅当 F_n 整除 $3^{\frac{F_n-1}{2}}+1$. 除了前 5 个之外尚未发现新的费马素数,使用 Pepin 判别法已证 F_6, …, F_{32} 等 218 个费马数都是合数,但 F_{20} 与 F_{24} 的素因子尚未找到. 目前已知的最大的费马合数为 $F_{2\ 747\ 497}$(它有素因子 $57\times 2^{2\ 747\ 499}+1$),这是在 2013 年发现的. 高斯证明了正 $n(\geqslant 3)$ 边形可用圆规与直尺作出当且仅当 n 是一些不同的费马素数与 2 的幂次(包括 $2^0=1$)之积.

图 2.1

我们可用爱拉托色尼筛法来制造不超过整数 $N\geqslant 2$ 的素数表:先列出不超过 $\sqrt{N}$ 的素数 p_1, …, p_k,再列出大于 $\sqrt{N}$ 但不超过 N 的整数,并将其中 p_1 的倍数,……, p_k 的倍数都筛去(划掉),最后余下的便是所有不超过 N 的素数.

例 2.3　制造 100 以内的素数表.

解　2, 3 是不超过 $\sqrt{10}=3.16\cdots$ 的素数,将 4, …, 10 中 2 或 3 的倍数 4, 6, 8, 9, 10 划去后仅剩下 5, 7,因此 $10=\sqrt{100}$ 以内的素数为 2, 3, 5, 7. 将 11, …, 100 中 2, 3, 5, 7 的倍数都划去,留下的连同 2, 3, 5, 7 便是 100 以内的所有素数. 具体如下

$$2,3,5,7,11,13,17,19,23,29,31,37,41,$$
$$43,47,53,59,61,67,71,73,79,83,89,97.$$

例 2.4　判断 199 是否为素数.

解　因为

$$14^2=196<199<15^2=225,$$

所以

$$14<\sqrt{199}<15,$$

$\sqrt{199}$ 以内的素数只有 2, 3, 5, 7, 11, 13,经检验它们都不整除 199,故 199 为素数.

链　接

如何快速地判别一个正整数是否为素数是算法数论(或计算数论)的重要研究

课题. 2002 年,由三位印度学者提出的 Agrawal-Kayal-Saxena 素性测试算法(简称为 AKS 算法)是这方面第一个"多项式时间"算法. 关于这项突破性工作的内容与评述,可访问网址 http://en. wikipedia. org/wiki/AKS_primality_test 及相关链接.

定理 2. 2(算术基本定理) 任何大于 1 的整数 n 可表示成有限个(可重复)素数的乘积,而且不计乘积中因子顺序时这种分解还是唯一的.

证明 我们使用串值归纳法.

如果 n 为素数(如 $n=2$),则 n 不是合数,从而不能写成至少两个素数的乘积,因此 n 可表示成素数乘积的方式唯一.

下设 n 为合数,并假定 $2, \cdots, n-1$ 中每个数都可唯一地分解成有限个素数的乘积.

合数 n 可表示成 n_1n_2,这里整数 n_1 与 n_2 都大于 1 且小于 n. 根据归纳假设, n_1 与 n_2 都可表示成有限个素数的乘积,于是 $n=n_1n_2$ 也可这样表示(如果 n_1 与 n_2 分别是 k 与 l 个素数的乘积,则 $n=n_1n_2$ 是 $k+l$ 个素数的乘积).

我们再来说明 n 分解成素数乘积的方式唯一. 设

$$n=p_1\cdot\cdots\cdot p_r=q_1\cdot\cdots\cdot q_s,$$
$$p_1\leqslant\cdots\leqslant p_r,$$
$$q_1\leqslant\cdots\leqslant q_s,$$

其中诸 $p_i(1\leqslant i\leqslant r)$ 及 $q_j(1\leqslant j\leqslant s)$ 都是素数,而且 $p_1\geqslant q_1$. 我们要证 $r=s$ 且 $p_i=q_i$ $(i=1, \cdots, r)$.

假设 $p_1=q_1$,则 $\frac{n}{p_1}=p_2\cdot\cdots\cdot p_r=q_2\cdot\cdots\cdot q_s$. 因为 $1<\frac{n}{p_1}<n$, $p_2\leqslant\cdots\leqslant p_r$ 且 $q_2\leqslant\cdots\leqslant q_s$,依归纳假设知 $r-1=s-1$,且对 $i=2, \cdots, r$ 有 $p_i=q_i$. 因此 $r=s$, $p_1=q_1$, $p_2=q_2$, $\cdots$, $p_r=q_r$.

以下由 $p_1>q_1$ 来导出矛盾. 令 $m=(p_1-q_1)\cdot p_2\cdot\cdots\cdot p_r$,则

$$\begin{aligned} m &= p_1\cdot p_2\cdot\cdots\cdot p_r-q_1\cdot p_2\cdot\cdots\cdot p_r \\ &= q_1\cdot q_2\cdot\cdots\cdot q_s-q_1\cdot p_2\cdot\cdots\cdot p_r \\ &= q_1(q_2\cdot\cdots\cdot q_s-p_2\cdot\cdots\cdot p_r), \end{aligned}$$

如果 $q_2\cdot\cdots\cdot q_s-p_2\cdot\cdots\cdot p_r\neq 1$,依归纳假设可将它分解成有限个素数的乘积. 因此 m 有个素数分解式使其中有因子 q_1. 注意 $q_1\nmid(p_1-q_1)$(否则 q_1 是 p_1 的真因子). 如果 $p_1-q_1\neq 1$,依归纳假设可将小于 n 的 p_1-q_1 分解成素数乘积,其中没有因子是 q_1;又素数 $p_2, \cdots, p_r$ 都大于 q_1,故

$$m=(p_1-q_1)\cdot p_2\cdot\cdots\cdot p_r$$

又可分解成有限个素数的乘积，其中没有因子是 q_1. 由于 $1<m<n$, m 有两种不同的素数分解式这件事与归纳假设相矛盾.

综上，定理得证.

算术基本定理又称整数的唯一分解定理，它是数论之基石. 尽管古希腊数学家欧几里得已意识到它，但清晰的表述与严格的证明直到19世纪才由高斯首先给出.

阅 读

图 2.2

高斯（图 2.2），德国人，有“数学王子”之称. 他在年仅 10 岁时就只用一两分钟巧妙地算出老师出的题目 $1+2+3+\cdots+100$. 高斯在 15 岁时发现了深奥的素数定理，在 19 岁时因解决了用圆规直尺作正 n 边形的可能性问题（如正 17 边形可作）而崭露头角，在 22 岁时因证明了著名的代数基本定理（即复系数的一元 n 次方程恰有 n 个复根）而获得博士学位. 1801 年，高斯发表了著名的《算术探索》，在这本书中他引入了同余式并证明了二次互反律. 高斯的这本划时代的著作标志着数论已成长为数学的一个重要分支.

高斯在几何、物理、天文学方面也有许多建树，他与阿基米德、牛顿、欧拉并列为数学史上的四大伟人.

根据算术基本定理，大于 1 的整数 n 可唯一地表示成 $p_1^{\alpha_1}\cdot\cdots\cdot p_r^{\alpha_r}$ 的形式，这里 $p_1<\cdots<p_r$ 为不同素数，$\alpha_1,\cdots,\alpha_r\in\mathbf{Z}^+$. 我们称这样的形式为 n 的**标准（素数）分解式**，n 的素因子（即整除 n 的素数）必在 n 的素数分解式中出现，$p_1=p(n)$ 为 n 的最小素因子，p_r 为 n 的最大素因子. 例如，72 的标准分解式为 $2^3\times3^2$，2 与 3 分别是 72 的最小素因子与最大素因子.

推论 2.1 设 p 为素数，则对任何的 $a_1,\cdots,a_n\in\mathbf{Z}$，有

$$p\mid a_1\cdot\cdots\cdot a_n\Leftrightarrow p\mid a_1\text{ 或 }p\mid a_2\text{ 或……或 }p\mid a_n,$$

亦即

$$p\nmid a_1,\cdots,p\nmid a_n\Leftrightarrow p\nmid a_1\cdot\cdots\cdot a_n.$$

证明 $\Leftarrow$: 这是明显的.

$\Rightarrow$: $a_1,\cdots,a_n$ 中有 0 时结论显然，故不妨设 $a_1,\cdots,a_n$ 都是正整数. 设 $a_1\cdot\cdots\cdot$

$a_n=pq$,这里 q 为正整数. 如果 $q>1$ 就将 q 分解成有限个素数的乘积,如此 $a_1\cdot\cdots\cdot a_n$ 有个素数分解式,其中有因子 p. 假设 $a_1, \cdots, a_n$ 都不被 p 整除,则 $a_1, \cdots, a_n$ 中大于 1 的数的素数分解式中都没有因子 p. 从而 $a_1\cdot\cdots\cdot a_n$ 有个素数分解式使 p 不是其中的因子,这与 $a_1\cdot\cdots\cdot a_n$ 的素数分解式唯一矛盾. 因此 p 整除 $a_1, \cdots, a_n$ 之一.

上述推论是素数的特征性质,合数不具有这样的性质. 事实上,对于大于 1 的整数 a 与 b, $ab\mid ab$,但 $ab\nmid a$ 且 $ab\nmid b$.

例 2.5 设 p 为素数,试证:

(1)对 $k=1, 2, \cdots, p-1$,都有 $p\mid\binom{p}{k}$;

(2)$p\mid(2^p-2)$.

证明 (1)设 $k\in\{1, 2, \cdots, p-1\}$,注意

$$k!\binom{p}{k}=p\cdot(p-1)\cdot\cdots\cdot(p-k+1)$$

被 p 整除,但 p 不整除 $1, 2, \cdots, k$ 中任何一个. 由推论 2.1 必有 $p\mid\binom{p}{k}$.

(2)由第 1 章例 1.4 可知

$$2^p-2=\sum_{k=0}^{p}\binom{p}{k}-2=\sum_{k=1}^{p-1}\binom{p}{k}.$$

依(1),它必为 p 的倍数.

推论 2.2 $4k-1(k\in\mathbf{Z}^+)$形素数与 $6k-1(k\in\mathbf{Z}^+)$形素数都有无穷多个.

证明 假设只有有限个 $4k-1(k\in\mathbf{Z}^+)$形素数 $p_1, \cdots, p_n$. 依算术基本定理,$N=4p_1\cdot\cdots\cdot p_n-1$ 可表示成一些奇素数的乘积,其分解式中的素数不可能都是 $4k+1$ 形(否则其乘积 N 应为 4 的倍数加 1),因此 N 必有形如 $4k-1$ 的素因子 p. 由于 $N+1$不是 p 的倍数,必定 $p\notin\{p_1, \cdots, p_n\}$. 这与 $p_1, \cdots, p_n$ 是仅有的 $4k-1$ 形素数矛盾.

类似可证有无穷多个 $6k-1(k\in\mathbf{Z}^+)$形素数.

定义 2.3 设 p 为素数, a 为非零整数. 对于 $n\in\mathbf{N}$,如果 $p^n\mid a$ 但 $p^{n+1}\nmid a$(即 n 是使得 $p^n\mid a$ 的最大自然数),则说 a 在素数 p 处的阶 $\mathrm{ord}_p a$ 为 n,并写 $p^n\parallel a$(此时 a 形如 p^nb,这里整数 b 不被 p 整除).

例如：$\text{ord}_2 72=3$，$3^2 \parallel 72$，$\text{ord}_5 72=0$.

例 2.6 求证：不超过 $2n$ 的 $n+1$ 个正整数中必有一个整除另一个.

证明 假定 a_1，…，a_{n+1} 都是不超过 $2n$ 的正整数，不妨设 $a_1 \leqslant \cdots \leqslant a_{n+1}$. 对 $i=1$，…，$n+1$ 可写 $a_i=2^{\alpha_i}q_i$，这里 $\alpha_i=\text{ord}_2 a_i$ 且 q_i 为正奇数. 由于 q_1，…，q_{n+1} 属于 n 元集 $\{1, 3, \cdots, 2n-1\}$，必有 $1 \leqslant i<j \leqslant n+1$ 使得 $q_i=q_j$，于是 $\alpha_i \leqslant \alpha_j$ 且 $a_i \mid a_j$.

定理 2.3 设 p 为素数，a 与 b 为非零整数，则

$$\text{ord}_p(ab)=\text{ord}_p a+\text{ord}_p b.$$

证明 记 $\alpha=\text{ord}_p a$，$\beta=\text{ord}_p b$，则 a 可写成 $p^\alpha c$，b 可写成 $p^\beta d$，这里整数 c，d 都不被 p 整除. 依推论 2.1，$p \nmid cd$. 由于 $ab=p^{\alpha+\beta}cd$，我们有

$$\text{ord}_p(ab)=\alpha+\beta=\text{ord}_p a+\text{ord}_p b.$$

推论 2.3 设 $n=p_1^{\alpha_1} \cdot \cdots \cdot p_r^{\alpha_r}$，这里 p_1，…，p_r 为不同素数，α_1，…，$\alpha_r \in \mathbf{N}$. 则

$$\text{ord}_{p_1} n=\alpha_1, \cdots, \text{ord}_{p_r} n=\alpha_r.$$

证明 根据定理 2.3，对 $i=1$，…，r，有

$$\begin{aligned}
\text{ord}_{p_i} n &= \text{ord}_{p_i}(p_1^{\alpha_1})+\cdots+\text{ord}_{p_i}(p_r^{\alpha_r}) \\
&= \alpha_1 \text{ord}_{p_i} p_1+\cdots+\alpha_r \text{ord}_{p_i} p_r \\
&= \alpha_i \text{ord}_{p_i} p_i \quad (\text{当 } j \neq i \text{ 时}, p_i \nmid p_j, \text{从而 } \text{ord}_{p_i} p_j=0) \\
&= \alpha_i.
\end{aligned}$$

例 2.7 设 m 与 n 为大于 1 的整数，且 m 不是整数的 n 次方（即没有 $a \in \mathbf{Z}$ 使得 $a^n=m$）. 试证：$\sqrt[n]{m}$ 必为无理数.

证明 反设 $\sqrt[n]{m}$ 为有理数 $\dfrac{a}{b}$，这里 a，b 为正整数. 依定理 2.3，当 p 为素数时

$$\text{ord}_p m+n\text{ord}_p b=\text{ord}_p(mb^n)=\text{ord}_p(a^n)=n\text{ord}_p a,$$

从而 $n \mid \text{ord}_p m$. 由此结合推论 2.3 知 m 的标准分解式形如 $p_1^{n\alpha_1} \cdot \cdots \cdot p_r^{n\alpha_r}$，这里 $p_1<\cdots<p_r$ 为不同素数，α_1，…，$\alpha_r \in \mathbf{Z}^+$. $m=(p_1^{\alpha_1} \cdot \cdots \cdot p_r^{\alpha_r})^n$ 这一事实与题设相矛盾.

由例 2.7 知，$\sqrt{2}$，$\sqrt{3}$，$\sqrt{6}$，$\sqrt[3]{7}$ 等都是无理数.

定理 2.4 （爱多斯（Erdös，1913—1996））对于 $n=2, 3, \cdots$，不超过 n 的素数之积 $\prod_{p \leqslant n} p$（其中 p 为素数）小于 4^n.

证明 我们对 n 进行归纳.

显然 $\prod_{p\leqslant 2} p = 2 < 4^2$.

设 $n>2$，且对 $m=2,\cdots,n-1$ 已有 $\prod_{p\leqslant m} p\leqslant 4^m$. 我们来证明 $\prod_{p\leqslant n} p < 4^n$.

第一种情形：n 为偶数. 这时 n 不是素数，从而利用归纳假设可得

$$\prod_{p\leqslant n} p = \prod_{p\leqslant n-1} p < 4^{n-1} < 4^n.$$

第二种情形：n 为奇数 $2m-1$. 这时 $2\leqslant m=\frac{n+1}{2}<n$，依归纳假设知

$$\prod_{p\leqslant m} p < 4^m = 2^{n+1}.$$

如果素数 p 满足 $m<p\leqslant n$，则 p 整除 $n\cdot(n-1)\cdot\cdots\cdot m = m!\binom{n}{m}$，但 p 不整除 $1,\cdots,m$，从而依推论 2.1 知 $p\mid\binom{n}{m}$. 因此区间 $(m,n]$ 中的素数都出现在 $\binom{n}{m}$ 的素数分解式中. 于是

$$\begin{aligned}\prod_{m<p\leqslant n} p &\leqslant \binom{n}{m} = \frac{1}{2}\left[\binom{n}{m}+\binom{n}{n-m}\right]\\ &\leqslant \frac{1}{2}\sum_{k=0}^{n}\binom{n}{k} = 2^{n-1}\text{（第 1 章例 1.4）},\end{aligned}$$

因而

$$\prod_{p\leqslant n} p = \prod_{p\leqslant m} p \times \prod_{m<p\leqslant n} p < 2^{n+1}\times 2^{n-1} = 4^n.$$

综上，定理 2.4 证毕.

阅 读

爱多斯（图 2.3），匈牙利人，数学奇才. 他在数论、组合数学等许多领域提出了大量新颖的问题并做了不少原创性的工作. 他将一生都献给了数学，既未成家也无正式工作，据说他每天有 19 个小时用在数学研究上. 他共发表了约 1 500 篇的数学论文，有大约 500 名合作者，是仅次于欧拉的多产数学家. 1983 年，他与著名华人数学家陈省身教授一起荣获该年度的沃尔夫（Wolf）奖.

图 2.3

定理 2.5 设 n 为正整数，$\pi(n)$ 表示不超过 n 的素数的个数，p_n 表示（由小

到大排列的)第 n 个素数,则 $n^{\pi(n)}<128^n$ 且 $128^{p_n}>n^n$.

证明 我们只需证明前一式. 因为 $p_n^{\pi(p_n)}=p_n^n\geqslant n^n$,当 $n\leqslant 5$ 时显然有

$$n^{\pi(n)}\leqslant 5^{\pi(5)}=5^3=125<128^n.$$

现让 $n\geqslant 6$,于是 $n^2>3^3$,从而 $\left(\frac{n}{3}\right)^3>n$. 让 m 表示不超过$\sqrt{n}$的最大整数,则$2\leqslant m\leqslant\sqrt{n}<m+1$. 易见

$$\begin{aligned}2^{\sqrt{n}}\geqslant 2^m&\geqslant\binom{m}{0}+\binom{m}{1}+\binom{m}{2}\quad(\text{由第 1 章例 1.4})\\&=1+m+\frac{m(m-1)}{2}\\&=\frac{m^2+m+2}{2}\\&\geqslant\frac{m^2+2m+1}{3}\\&=\frac{(m+1)^2}{3}\\&>\frac{n}{3},\end{aligned}$$

因此

$$2^{3\sqrt{n}}>\left(\frac{n}{3}\right)^3>n.$$

根据定理 2.4,

$$2^{2n}=4^n>\prod_{p\leqslant n}p>\prod_{\sqrt{n}<p\leqslant n}p\geqslant\prod_{\sqrt{n}<p\leqslant n}\sqrt{n}=(\sqrt{n})^{\pi(n)-\pi(\sqrt{n})}\geqslant(\sqrt{n})^{\pi(n)-\sqrt{n}}.$$

两边平方得 $2^{4n}>n^{\pi(n)-\sqrt{n}}$,于是

$$n^{\pi(n)}<2^{4n}n^{\sqrt{n}}<2^{4n}(2^{3\sqrt{n}})^{\sqrt{n}}=2^{7n}=128^n.$$

综上,定理 2.5 得证.

数论中著名的素数定理(由高斯在 1793 年发现,但直到 1896 年才获得证明)断言,当 n 为正整数时 $n^{\pi(n)}$ 大约为 e^n. 它也等价于说 e^{p_n}大约为 n^n,这里常数 $e=2.71828\cdots$. 爱多斯与塞尔伯格(A. Selberg,1917—2007)在 1949 年发现了素数定理的初等证明,但证明过程仍很复杂.

链 接

1850 年,切比雪夫(Chebyshev,1821—1894)证明了下述贝特朗(Bertrand,

1822—1900)假设:对任给的正整数 $n>1$,在 n 与 $2n$ 之间必有素数. 是否在 n^2 与 $(n+1)^2$ 之间总有个素数是个远未解决的著名世界难题. Fortune 猜想:当 $n>1$ 时,前 n 个素数之积与大于它加 1 的最小素数总相差一个素数,这也未解决. 当 p 与 $p+2$ 都是素数时称它们是一对孪生素数,是否有无穷多对孪生素数也是个未解之谜. 2013 年,华人数学家张益唐证明了有无穷多对相邻素数使其差不超过 70 000 000,这是个轰动世界的数论上的重大成就;后来青年数学家 J. Maynard 使用新方法把上界 70 000 000 降到 600. 著名的素数网站 The Prime Pages(网址为 http://primes. utm. edu/)包含大量有关素数的信息.

阅　读

哥德巴赫猜想简介　1742 年,哥德巴赫在给大数学家欧拉的信中把素数(整数乘法结构的"基本粒子")与整数加法结构联系起来,提出了下述哥德巴赫猜想(这是数论界最著名的难题之一):大于 2 的偶数可表示成两个素数之和(例如:$4=2+2$, $6=3+3$, $8=3+5$, $10=3+7=5+5$). 1939 年,Šnirel′man 用他创造的密率方法证明了每个正偶数可表示成至多 300 000 个素数之和. 1995 年,Ramare 进一步证明每个正偶数都是至多 6 个素数之和. 1937 年,前苏联数学家维诺格拉朵夫(Vinogradov,1891—1983)运用其独创的三角和方法证明了充分大(指大于一个适当的数)的奇数都是三个奇素数之和. 2013 年,秘鲁数学家 H. A. Helfgott(1977—　)证明了哥德巴赫猜想的弱形式:大于 7 的奇数可表示为三个奇素数之和.

我国数学家陈景润(1933—1996)把加权筛法与他独创的转换原理相结合,在 1966 年获得了下述极深刻的陈氏定理:充分大的偶数可表示成 $p+q$ 的形式,这里 p 为素数,q 是素数或者两个素数的乘积. 这项杰出成就(简称为"1+2")被誉为"筛法理论的光辉顶点",为此我国还在 1999 年发行了纪念陈景润的邮票(图 2.4). 迄今为止哥德巴赫猜想还没有彻底解决.

图 2.4

习题 2

2.1 证明:$\mathbf{Z}$ 上的整除关系具有本章所列的性质(5)~(8).

2.2 设 n 为正整数,如果 2^n+1 为素数,则它必为费马数.

2.3 设 n 为正整数,如果 2^n-1 为素数,则 n 必为素数.

2.4 设 $m, n\in\mathbf{N}$ 且 $m\mid n$,试证斐波那契数 F_m 整除 F_n. 由此说明当 $n>4$ 且 F_n

为素数时,n 必为素数.(提示:先利用斐波那契数与卢卡斯数的通项公式(见第1章例1.5)证明当 $k\in\mathbf{Z}^+$ 时 $F_{(k+1)m}=F_{km}L_m-(-1)^m F_{(k-1)m}$.)

2.5 任给正整数 n,总有正整数 m 使得 $m+1$, …, $m+n$ 都不是素数.(这表明相邻素数之差可任意大)

2.6 以 p_k 表示由小到大排列的第 k 个素数.

(1)(欧几里得)$p_1\cdot\cdots\cdot p_n+1$ 的最小素因子不同于 p_1, …, p_n,由此说明素数有无穷多个;

(2)用(1)说明 $p_{n+1}\leqslant p_1\cdot\cdots\cdot p_n+1$,由此归纳证明 $p_k\leqslant 2^{2^{k-1}}$($k=1, 2, \cdots$).

2.7 设 n 为大于1 的奇数,则 n 是素数当且仅当 n 可唯一地表示成两个自然数的平方差.

2.8 利用算术基本定理证明:每个不等于1 的正有理数可唯一地表示成 $p_1^{\alpha_1}\cdot\cdots\cdot p_r^{\alpha_r}$ 的形式,这里 p_1, …, p_r 为不同素数, α_1, …, α_r 为非零整数.

2.9 如果不小于6 的偶数都是两个奇素数之和,则不小于9 的奇数都是三个奇素数之和.

第 3 章　带余除法、最大公因数及最小公倍数

任给整数 a 与 b，a 未必被 b 整除，但当除数 b 非零时我们可作“带余除法”. 例如：$11 \nmid 256$，但 $256 = 11 \times 23 + 3$.

定理 3.1（带余除法）　设 $a, b \in \mathbf{Z}$ 且 $b \neq 0$，则有唯一的 $q, r \in \mathbf{Z}$ 使得

$$a = bq + r \quad (0 \leqslant r < |b|).$$

证明　由于 $b \neq 0$，集合

$$a + b\mathbf{Z} = \{a + bx : x \in \mathbf{Z}\}$$

中含有自然数（例如 $a + |ab|$）. 依最小数定理，$(a + b\mathbf{Z}) \cap \mathbf{N}$ 有最小元. 设 $r = a - bq$ 为 $a + b\mathbf{Z}$ 中最小的自然数，这里 $q \in \mathbf{Z}$. 假如 $r \geqslant |b|$，则 $r - |b| = a - bq - |b|$ 是 $a + b\mathbf{Z}$ 中比 r 更小的自然数，这与 r 的选取矛盾. 因此 $0 \leqslant r < |b|$.

假定整数 q'，r' 也使得

$$a = bq' + r' \quad (0 \leqslant r' < |b|),$$

则 $r - r' = b(q' - q)$. 而 $|r - r'|$ 不超过 r 与 r' 中较大者，从而小于 $|b|$，于是必定 $q' = q$ 且 $r' = r$.

综上，定理 3.1 得证.

定义 3.1　设 a 为整数，b 为非零整数，整数 q 与 r 适合

$$a = bq + r \quad (0 \leqslant r < |b|),$$

则称 q 为 a 被 b 除所得的**整商**（或**不完全商**），r 为 a 被 b 除所得的**最小非负剩余**（简称为**余数**），并说 a **被** b **除余** r.

注意 $a \in \mathbf{N}$ 被 $b \in \mathbf{Z}^+$ 除所得的整商 q 为自然数.

除了最小非负剩余，常用的还有“绝对最小剩余”.

推论 3.1　设 $a, b \in \mathbf{Z}$ 且 $b \neq 0$，则有唯一的 $q_0, r_0 \in \mathbf{Z}$ 使得

$$a=bq_0+r_0 \quad \left(-\frac{|b|}{2}<r_0\leqslant\frac{|b|}{2}\right)$$

(这样的 r_0 称为 a 被 b 除所得的**绝对最小剩余**).

证明　先证存在性.

作带余除法 $a=bq+r$,这里 q, $r\in\mathbf{Z}$ 且 $0\leqslant r<|b|$. 如果 $r\leqslant\frac{|b|}{2}$,则可取 $r_0=r$, $q_0=q$;如果 $r>\frac{|b|}{2}$,则 $r_0=r-|b|$是大于 $-\frac{|b|}{2}$的负整数,而且 $a=bq_0+r_0$,这里$q_0=q+\frac{|b|}{b}$.

再证唯一性.

假定整数 q_1, r_1 也使得

$$a=bq_1+r_1 \quad \left(-\frac{|b|}{2}<r_1\leqslant\frac{|b|}{2}\right),$$

则

$$r_1-r_0=(a-bq_1)-(a-bq_0)=b(q_0-q_1).$$

如果$|r_0|=|r_1|=\frac{|b|}{2}$,则 $r_1=r_0$,从而 $q_1=q_0$;如果$|r_0|$与$|r_1|$不都是$\frac{|b|}{2}$,则

$$|r_1-r_0|\leqslant|r_1|+|r_0|<\frac{|b|}{2}+\frac{|b|}{2}=|b|,$$

从而也有 $r_1=r_0$ 与 $q_1=q_0$.

例 3.1　求 -2 与 7 被 4 除所得的最小非负剩余及绝对最小剩余.

解　由题意

$$-2=4\times(-1)+2,$$
$$7=4\times1+3=4\times2-1,$$

因此,-2 与 7 被 4 除所得的最小非负剩余分别为 2 与 3,被 4 除所得的绝对最小剩余分别为 2 与 -1.

例 3.2　求奇数的平方被 8 除所得的余数.

解　奇数不被 2 整除,从而被 2 除的余数为 1. 任给 $m\in\mathbf{Z}$,相邻整数 m 与 $m+1$ 中必有一个为偶数(因为当 m 为奇数时 $m+1$ 必为偶数),于是

$$(2m+1)^2=4m^2+4m+1=4m(m+1)+1$$

是 8 的倍数加 1. 这就说明了奇数的平方被 8 除余 1.

对于 $a\in\mathbf{Z}$,如果没有大于 1 的平方数整除 a,就说 a **无平方因子**. 易见 $a>1$ 无

平方因子当且仅当它是一些不同素数的乘积. 例如, $30=2\times3\times5$ 无平方因子, $56=2^3\times7$ 有平方因子.

例 3.3 (1)任何非零整数 a 可唯一地表示成 m^2q 的形式,这里 m 为正整数, q 为无平方因子整数;

* (2)利用(1)证明第 n 个素数 p_n 不超过 4^n(这比第 2 章定理 2.1(3)要强), 而且 $4^{\pi(n)}\geqslant n$.

证明 (1)不妨设 $a>0$,依算术基本定理可把 a 写成 $p_1^{\alpha_1}\cdot\cdots\cdot p_r^{\alpha_r}$,这里 $\alpha_1,\cdots,\alpha_r\in\mathbf{N}$ 且 $p_1,\cdots,p_r$ 为不同素数. 作带余除法 $\alpha_i=2\beta_i+\delta_i$,这里 $\beta_i\in\mathbf{N}$ 且 $\delta_i\in\{0,1\}$,则 $m=\prod_{i=1}^{r}p_i^{\beta_i}\in\mathbf{Z}^+$, $q=\prod_{i=1}^{r}p_i^{\delta_i}$ 无平方因子且 $m^2q=a$.

假如还有 $a=(m')^2q'$,这里 $m',q'\in\mathbf{Z}^+$,且 q'无平方因子. 对于素数 p

$$p\mid q'\Leftrightarrow \mathrm{ord}_p q'=1\Leftrightarrow \mathrm{ord}_p a \text{ 为奇数},$$

因此

$$q'=\prod_{\substack{i=1\\ \delta_i=1}}^{r}p_i=\prod_{i=1}^{r}p_i^{\delta_i}=q,$$

从而也有 $m'=m$.

(2)我们只需证 $n\leqslant2^{2\pi(n)}=4^{\pi(n)}$,因为 $p_n\leqslant4^n$ 相当于 $p_n\leqslant4^{\pi(p_n)}$.

不超过 n 的素数只有 $p_1,\cdots,p_r$,这里 $r=\pi(n)$. 由于不超过 n 的任何正整数 k 的素因子都属于$\{p_1,\cdots,p_r\}$,依(1)及算术基本定理可把这样的 k 表示成 $m_k^2\prod_{i=1}^{r}p_i^{\delta_i(k)}$ 的形式,这里正整数 $m_k\leqslant\sqrt{k}\leqslant\sqrt{n}$并且 $\delta_i(k)\in\{0,1\}$. 而形如 $m^2\prod_{i=1}^{r}p_i^{\delta_i}$(其中 m 为不超过$\sqrt{n}$的正整数, $\delta_i\in\{0,1\}$)的数的个数不超过$\sqrt{n}\times2^r$,因此 $n\leqslant\sqrt{n}\times2^r$. 于是 $\sqrt{n}\leqslant2^r$,从而 $n\leqslant2^{2r}=4^r$.

对于实数 x,不超过 x 的最大整数叫作 x 的**整数部分**,记为$\lfloor x\rfloor$,显然$\lfloor x\rfloor\leqslant x<\lfloor x\rfloor+1$. $\{x\}=x-\lfloor x\rfloor$称为 x 的**小数部分**,易见 $0\leqslant\{x\}<1$. 例如: $\lfloor\sqrt{2}\rfloor=1$, $\lfloor-\sqrt{2}\rfloor=-2$, $\lfloor-0.4\rfloor=-1$, $\{-0.4\}=0.6$.

例 3.4 证明:整数 a 被正整数 n 除所得的整商就是$\lfloor\frac{a}{n}\rfloor$,余数就是 $n\{\frac{a}{n}\}$.

证明 作带余除法 $a=nq+r$,这里 $q,r\in\mathbf{Z}$ 且 $0\leqslant r<n$. 则

$$0\leqslant\frac{r}{n}<1,$$

$$\frac{a}{n}=q+\frac{r}{n},$$

于是

$$\left\lfloor \frac{a}{n} \right\rfloor =q,\ \left\{\frac{a}{n}\right\}=\frac{r}{n}.$$

定义 3.2　设 $a_1, \cdots, a_n$ 为整数. 如果 $a\in\mathbf{Z}$ 整除 $a_1, \cdots, a_n$ 中每一个,则称 a 为 $a_1, \cdots, a_n$ 的**公因数**或**公约数**;如果 $a\in\mathbf{Z}$ 被 $a_1, \cdots, a_n$ 中每一个所整除,则称 a 为 $a_1, \cdots, a_n$ 的**公倍数**. 如果 $d\in\mathbf{N}$ 是 $a_1, \cdots, a_n$ 的公因数且 $a_1, \cdots, a_n$ 的任一个公因数都整除 d,则称 d 为 $a_1, \cdots, a_n$ 的**最大公因数**或**最大公约数**;如果 $m\in\mathbf{N}$ 是 $a_1, \cdots, a_n$ 的公倍数且它整除 $a_1, \cdots, a_n$ 的任一个公倍数,则称 m 为 $a_1, \cdots, a_n$ 的**最小公倍数**.

下面我们用带余除法来确立任意有限个整数的最大公因数与最小公倍数的存在性.

定理 3.2　设 $a_1, \cdots, a_n$ 为任意的整数.

(1) 当 $a_1, \cdots, a_n$ 中有0时, 0是 $a_1, \cdots, a_n$ 唯一的最小公倍数. 当 $a_1, \cdots, a_n$ 都非0时, $m\in\mathbf{N}$ 是 $a_1, \cdots, a_n$ 的最小公倍数当且仅当 m 是 $a_1, \cdots, a_n$ 公倍数中最小的正整数.

(2) 当 $a_1=\cdots=a_n=0$ 时, 0是 $a_1, \cdots, a_n$ 唯一的最大公因数;当 $a_1, \cdots, a_n$ 不全为0时, $d\in\mathbf{N}$ 是 $a_1, \cdots, a_n$ 的最大公因数当且仅当 d 是集合

$$S=\{a_1x_1+\cdots+a_nx_n:\ x_1, \cdots, x_n\in\mathbf{Z}\}$$

中最小的正整数,也当且仅当 d 是 $a_1, \cdots, a_n$ 公因数中最大的一个.

证明　(1) 如果 $a_1, \cdots, a_n$ 之一为0,则0是 $a_1, \cdots, a_n$ 仅有的公倍数,从而也是 $a_1, \cdots, a_n$ 唯一的最小公倍数.

假设 $a_1, \cdots, a_n$ 都不是0,显然正整数 $|a_1\cdot\cdots\cdot a_n|$ 是 $a_1, \cdots, a_n$ 的公倍数. 依最小数原理, $a_1, \cdots, a_n$ 的公倍数构成的集合与正整数集的交有最小元 m_0. 任给 $a_1, \cdots, a_n$ 的公倍数 a,作带余除法 $a=m_0q+r$,这里 $q, r\in\mathbf{Z}$ 且 $0\leqslant r<m_0$;由于 $r=a-m_0q$ 也是 $a_1, \cdots, a_n$ 的公倍数,依 m_0 的选取知必定 $r=0$,从而 $m_0|a$. 因此 m_0 确为 $a_1, \cdots, a_n$ 的最小公倍数.

如果 $m\in\mathbf{N}$ 也是 $a_1, \cdots, a_n$ 的最小公倍数,则 $m|m_0$ 且 $m_0|m$,于是 $m=m_0$. 这

就说明了 $a_1, \cdots, a_n$ 的最小公倍数只有 m_0.

(2)如果 $a_1 = \cdots = a_n = 0$,则任何整数(包括0)都是 $a_1, \cdots, a_n$ 的公因数,由此可见0是 $a_1, \cdots, a_n$ 唯一的最大公因数.

假定 $a_1, \cdots, a_n$ 不全为0. 如果 $a_k \neq 0$,则 S 中有正整数 $|a_k|$. 依最小数原理,有属于 S 的最小正整数 d_0,既然 d_0 可表示为 $a_1x_1 + \cdots + a_nx_n$(其中 $x_1, \cdots, x_n \in \mathbf{Z}$),当然 $a_1, \cdots, a_n$ 的公因数都整除 d_0. 对于 $1 \leqslant i \leqslant n$,作带余除法 $a_i = d_0q_i + r_i$(其中 $q_i, r_i \in \mathbf{Z}$ 且 $0 \leqslant r_i < d_0$),则 $r_i = a_i - d_0q_i \in S$(因为 $a_i, d_0 \in S$). 依 d_0 的选取必定 $r_i = 0$,从而 $d_0 | a_i$,可见 d_0 确为 $a_1, \cdots, a_n$ 的最大公因数.

如果 $d \in \mathbf{N}$ 也是 $a_1, \cdots, a_n$ 的最大公因数,则 $d | d_0$ 且 $d_0 | d$,从而 $d = d_0$. 这就说明了 $a_1, \cdots, a_n$ 的最大公因数只有 d_0.

对于 $a_1, \cdots, a_n$ 的任一个公因数 c,由于 $c | d_0$,当然有 $c \leqslant d_0$. 因此 $a_1, \cdots, a_n$ 的最大公因数也是 $a_1, \cdots, a_n$ 的公因数中最大的一个.

综上,定理3.2得证.

对于整数 $a_1, \cdots, a_n$,我们分别用 $(a_1, \cdots, a_n)$ 与 $[a_1, \cdots, a_n]$ 表示它们的最大公因数与最小公倍数. 依最大公因数与最小公倍数的定义,$(a_1, \cdots, a_n)$ 与 $[a_1, \cdots, a_n]$ 都与 $a_1, \cdots, a_n$ 的排列顺序无关. 例如:12, −30, 54 的正的公因数只有1, 2, 3, 6,故

$$(12, -30, 54) = 6;$$

被12与−30整除的54的正倍数中最小的一个为540,故

$$[12, -30, 54] = 540.$$

例3.5 设 $a_1, \cdots, a_k, a_{k+1}, \cdots, a_n$ 为整数,则

$$(a_1, \cdots, a_n) = ((a_1, \cdots, a_k), (a_{k+1}, \cdots, a_n)),$$
$$[a_1, \cdots, a_n] = [[a_1, \cdots, a_k], [a_{k+1}, \cdots, a_n]].$$

特别地

$$(a_1, \cdots, a_k, a_{k+1}) = ((a_1, \cdots, a_k), a_{k+1}),$$
$$[a_1, \cdots, a_k, a_{k+1}] = [[a_1, \cdots, a_k], a_{k+1}].$$

证明 $d_1 = (a_1, \cdots, a_k)$ 整除 $a_1, \cdots, a_k$ 中每一个, $d_2 = (a_{k+1}, \cdots, a_n)$ 整除 $a_{k+1}, \cdots, a_n$ 中每一个,故 (d_1, d_2) 整除 $a_1, \cdots, a_k, a_{k+1}, \cdots, a_n$ 中每一个,从而整除 $d = (a_1, \cdots, a_n)$. 由于 d 整除 $a_1, \cdots, a_k$,我们有 $d | d_1$;由于 d 整除 $a_{k+1}, \cdots, a_n$,我们又有 $d | d_2$. 因此 d 也整除 (d_1, d_2). 由上必有 $d = (d_1, d_2)$.

$m_1 = [a_1, \cdots, a_k]$ 是 $a_1, \cdots, a_k$ 中每一个的倍数, $m_2 = [a_{k+1}, \cdots, a_n]$ 是 $a_{k+1}, \cdots, a_n$ 中每一个的倍数,故 $[m_1, m_2]$ 是 $a_1, \cdots, a_n$ 的公倍数,从而被 $m = [a_1, \cdots, a_n]$

整除. 另一方面, m 既是 m_1 的倍数又是 m_2 的倍数,故$[m_1, m_2] \mid m$. 因此 $m=[m_1, m_2]$.

例 3.6　对于 $a, a_1, \cdots, a_n \in \mathbf{Z}$,我们有

$$(aa_1, \cdots, aa_n)=|a|(a_1, \cdots, a_n),$$
$$[aa_1, \cdots, aa_n]=|a|[a_1, \cdots, a_n].$$

证明　显然 $a(a_1, \cdots, a_n)$是 $aa_1, \cdots, aa_n$ 的公因数,故有$(a_1, \cdots, a_n)$的倍数 $d \in \mathbf{N}$ 使得

$$|a|d=(aa_1, \cdots, aa_n).$$

当 $a \neq 0$ 时, d 为 $a_1, \cdots, a_n$ 的公因数(因为每个 aa_i 都被 ad 整除). 因此

$$(aa_1, \cdots, aa_n)=|a|d=|a|(a_1, \cdots, a_n).$$

记$[aa_1, \cdots, aa_n]=|a|m$,这里 $m \in \mathbf{N}$. 我们要证$|a|m=|a| \cdot [a_1, \cdots, a_n]$. 当$a=0$时,这是显然的,下设 $a \neq 0$. 对于$1 \leqslant i \leqslant n$, $aa_i \mid |a|m$,从而 $a_i \mid m$. 因此$[a_1, \cdots, a_n] \mid m$. 另一方面, $aa_1, \cdots, aa_n$ 都整除$|a|[a_1, \cdots, a_n]$,于是$|a|m$ 整除$|a|[a_1, \cdots, a_n]$,从而 $m \mid [a_1, \cdots, a_n]$. 可见$[a_1, \cdots, a_n]=m$.

对于 $a_1, \cdots, a_n \in \mathbf{Z}$,显然

$$(a_1, \cdots, a_n)=(|a_1|, \cdots, |a_n|),$$
$$[a_1, \cdots, a_n]=[|a_1|, \cdots, |a_n|];$$

而且

$$(a_1, \cdots, a_n, 0)=(a_1, \cdots, a_n),\ [a_1, \cdots, a_n, 0]=0.$$

因此研究一组正整数的最大公因数与最小公倍数更为基本.

定理 3.2 只确立了 $a_1, \cdots, a_n \in \mathbf{Z}$ 的最大公因数与最小公倍数的存在性,并未告诉我们如何去求之. 下面的定理指出,如果知道正整数 $a_1, \cdots, a_n$ 的素数分解式,则可方便地计算出 $a_1, \cdots, a_n$ 的最大公因数与最小公倍数.

定理 3.3　设对 $i=1, \cdots, n$ 有 $a_i=p_1^{\alpha_{i1}} \cdot \cdots \cdot p_r^{\alpha_{ir}}$,这里 $p_1, \cdots, p_r$ 为不同素数, $\alpha_{i1}, \cdots, \alpha_{ir} \in \mathbf{N}$,则

$$(a_1, \cdots, a_n)=p_1^{\alpha_1} \cdot \cdots \cdot p_r^{\alpha_r} \text{ 并且} [a_1, \cdots, a_n]=p_1^{\alpha_1'} \cdot \cdots \cdot p_r^{\alpha_r'},$$

这里 $\alpha_j=\min\{\alpha_{1j}, \cdots, \alpha_{nj}\}$(即 α_j 是 $\alpha_{1j}, \cdots, \alpha_{nj}$中最小的一个), $\alpha_j'=\max\{\alpha_{1j}, \cdots, \alpha_{nj}\}$(即 α_j'是 $\alpha_{1j}, \cdots, \alpha_{nj}$中最大的一个).

证明　显然 $a_1, \cdots, a_n$ 的公因数的素因子都属于$\{p_1, \cdots, p_r\}$. 对于 $\beta_1, \cdots, \beta_r \in \mathbf{N}$,我们有

$$p_1^{\beta_1}\cdot\cdots\cdot p_r^{\beta_r}\text{ 为 }a_1,\ \cdots,\ a_n\text{ 的公因数}$$

$$\Leftrightarrow \text{对 }1\leqslant i\leqslant n\text{ 有 }\prod_{j=1}^{r}p_j^{\beta_j}\ \Big|\ \prod_{j=1}^{r}p_j^{\alpha_{ij}}$$

$$\Leftrightarrow \text{对 }1\leqslant i\leqslant n\text{ 及 }1\leqslant j\leqslant r\text{ 有 }\beta_j\leqslant\alpha_{ij}$$

$$\Leftrightarrow \text{对 }j=1,\ \cdots,\ r\text{ 有 }\beta_j\leqslant\alpha_j=\min\{\alpha_{1j},\ \cdots,\ \alpha_{nj}\}$$

$$\Leftrightarrow \prod_{j=1}^{r}p_j^{\beta_j}\ \Big|\ \prod_{j=1}^{r}p_j^{\alpha_j}.$$

由此可见，$p_1^{\alpha_1}\cdot\cdots\cdot p_r^{\alpha_r}$ 就是 $a_1,\ \cdots,\ a_n$ 的最大公因数.

对于正整数 m，我们有

$$m\text{ 为 }a_1,\ \cdots,\ a_n\text{ 的公倍数}$$

$$\Leftrightarrow \text{对 }1\leqslant i\leqslant n\text{ 有 }\prod_{j=1}^{r}p_j^{\alpha_{ij}}\ \Big|\ m$$

$$\Leftrightarrow \text{对 }1\leqslant i\leqslant n\text{ 及 }1\leqslant j\leqslant r\text{ 有 }\mathrm{ord}_{p_j}m\geqslant\alpha_{ij}$$

$$\Leftrightarrow \text{对 }j=1,\ \cdots,\ r\text{ 有 }\mathrm{ord}_{p_j}m\geqslant\alpha_j'=\max\{\alpha_{1j},\ \cdots,\ \alpha_{nj}\}$$

$$\Leftrightarrow \prod_{j=1}^{r}p_j^{\alpha_j'}\ \Big|\ m.$$

因此 $p_1^{\alpha_1'}\cdot\cdots\cdot p_r^{\alpha_r'}$ 就是 $a_1,\ \cdots,\ a_n$ 的最小公倍数.

例 3.7 求 36 与 40 的最大公因数与最小公倍数.

解 36 有素数分解式 $2^2\times3^2$，40 有素数分解式 $2^3\times5$，既然

$$36=2^2\times3^2\times5^0,$$
$$40=2^3\times3^0\times5,$$

依定理 3.3 我们有

$$(36,\ 40)=2^{\min\{2,\ 3\}}\times3^{\min\{2,\ 0\}}\times5^{\min\{0,\ 1\}}=2^2\times3^0\times5^0=4,$$
$$[36,\ 40]=2^{\max\{2,\ 3\}}\times3^{\max\{2,\ 0\}}\times5^{\max\{0,\ 1\}}=2^3\times3^2\times5^1=360.$$

推论 3.2 设 $a_1,\ \cdots,\ a_n$ 为正整数，且 k 为自然数，则

$$(a_1^k,\ \cdots,\ a_n^k)=(a_1,\ \cdots,\ a_n)^k,$$
$$[a_1^k,\ \cdots,\ a_n^k]=[a_1,\ \cdots,\ a_n]^k.$$

证明 当 $a_1=\cdots=a_n=1$ 时结论显然.

假设 $a_1,\ \cdots,\ a_n$ 不全为 1，$a_1\cdot\cdots\cdot a_n$ 的不同素因子为 $p_1,\ \cdots,\ p_r$，则每个 a_i

$(1\leqslant i\leqslant n)$都可表示成$p_1^{\alpha_{i1}}\cdot\cdots\cdot p_r^{\alpha_{ir}}$的形式,这里$\alpha_{i1},\cdots,\alpha_{ir}\in\mathbf{N}$. 由于$a_i^k=p_1^{k\alpha_{i1}}\cdot\cdots\cdot p_r^{k\alpha_{ir}}$,依定理3.3有

$$(a_1^k,\cdots,a_n^k)=\prod_{j=1}^{r}p_j^{\min\{k\alpha_{1j},\cdots,k\alpha_{nj}\}}=\prod_{j=1}^{r}p_j^{k\min\{\alpha_{1j},\cdots,\alpha_{nj}\}}=(a_1,\cdots,a_n)^k,$$

$$[a_1^k,\cdots,a_n^k]=\prod_{j=1}^{r}p_j^{\max\{k\alpha_{1j},\cdots,k\alpha_{nj}\}}=\prod_{j=1}^{r}p_j^{k\max\{\alpha_{1j},\cdots,\alpha_{nj}\}}=[a_1,\cdots,a_n]^k.$$

下述定理揭示出最大公因数与最小公倍数的关系.

定理3.4　任给整数a与b,我们有:

(1)$(a,b)[a,b]=|ab|$;

*(2)(分配律)当$c\in\mathbf{Z}$时,有

$$[(a,b),c]=([a,c],[b,c]),$$
$$([a,b],c)=[(a,c),(b,c)].$$

证明　(1)由于$[a,0]=[0,b]=0$,当$a=0$或$b=0$时

$$(a,b)[a,b]=|ab|.$$

现在假定a,b都非零. 由于$a\mid[a,b]$, $b\mid[a,b]$, $\dfrac{ab}{[a,b]}\in\mathbf{Z}$为$a$与$b$的公因数,从而整除$(a,b)$. 另一方面

$$\frac{ab}{(a,b)}=a\times\frac{b}{(a,b)}=\frac{a}{(a,b)}\times b$$

是a与b的公倍数,故又有$[a,b]$整除$\dfrac{ab}{(a,b)}$. 因此$(a,b)[a,b]$既被ab整除,又整除ab. 于是

$$(a,b)[a,b]=|ab|.$$

(2)显然

$$[(a,b),0]=0=(0,0)=([a,0],[b,0]).$$

假设$c\neq0$,则

$$([a,c],[b,c])=[(a,b),c]$$
$$\Leftrightarrow\left(\frac{ac}{(a,c)},\frac{bc}{(b,c)}\right)=\frac{(a,b)|c|}{((a,b),c)}\quad(\text{由}(1))$$
$$\Leftrightarrow\left(\frac{a}{(a,c)}(a,b,c),\frac{b}{(b,c)}(a,b,c)\right)=(a,b)\quad(\text{由例}3.6).$$

而

$$\left(\frac{a}{(a,\ c)}((a,\ c),\ b),\ \frac{b}{(b,\ c)}(a,\ (b,\ c))\right)$$

$$=\left(\frac{a}{(a,\ c)}(a,\ c),\ \frac{a}{(a,\ c)}b,\ \frac{b}{(b,\ c)}a,\ \frac{b}{(b,\ c)}(b,\ c)\right)\quad(\text{由例3.5、例3.6})$$

$$=\left(a,\ b,\ \frac{a}{(a,\ c)}b,\ \frac{b}{(b,\ c)}a\right)=(a,\ b),$$

故有

$$([a,\ c],\ [b,\ c])=[(a,\ b),\ c].$$

定理3.4中关于分配律的后一等式可由前一等式导出(留作习题3.8).

阅 读

1970年,格雷汉姆(Graham,1935—)提出下述著名猜想:当 a_1, …, a_n 为不同正整数时,必有 $1\leqslant i,\ j\leqslant n$ 使得 $\frac{a_i}{(a_i,\ a_j)}\geqslant n$. 例如:1, …, n 为不同的正整数, $\frac{n}{(1,\ n)}$ 就等于 n. 1986年, Szegedy 证明:当 n 足够大时此猜想正确. 1996年,两位印度数学家彻底证实了这一困难的格雷汉姆猜想.

定义3.3 对于 $a,\ b\in\mathbf{Z}$,如果 $(a,\ b)=1$,则说 a 与 b **互素**或**互质**. 对 a_1, …, $a_n\in\mathbf{Z}$,如果当 $1\leqslant i<j\leqslant n$ 时总有 a_i 与 a_j 互素,则说 a_1, …, a_n **两两互素**.

显然,整数 a 与 b 互素等价于没有素数既整除 a 又整除 b.

下述定理在初等数论中十分有用,读者应记住其内容.

定理3.5 (1)设 $a,\ b,\ c\in\mathbf{Z}$ 且 a 与 b 互素,则 $(a,\ bc)=(a,\ c)$ 并且 $a\mid bc\Leftrightarrow a\mid c$;

(2)设整数 a 与 a_1, …, $a_n\in\mathbf{Z}$ 都互素,则 a 与 $a_1\cdot\cdots\cdot a_n$ 互素;

(3)假设 a_1, …, $a_n\in\mathbf{Z}$ 两两互素,则 $[a_1,\ \cdots,\ a_n]=|a_1\cdot\cdots\cdot a_n|$;

(4)设正整数 a_1, …, a_n 两两互素,且 $a_1\cdot\cdots\cdot a_n=x^k$,这里 $k,\ x\in\mathbf{Z}^+$,则存在两两互素的正整数 x_1, …, x_n 使得 $a_1=x_1^k$, …, $a_n=x_n^k$, $x_1\cdot\cdots\cdot x_n=x$.

证明 (1)易见

$$(a,\ bc)=((a,\ ac),\ bc)=(a,\ ac,\ bc)$$

$$=(a,(ac,bc))=(a,(a,b)c)=(a,c),$$

由此知

$$a\mid bc \Leftrightarrow (a,bc)=|a| \Leftrightarrow (a,c)=|a| \Leftrightarrow a\mid c.$$

我们也可如下证明(1).由于$(a,b)=1$,依定理3.2(2)有$x,y\in\mathbf{Z}$使得$ax+by=1$,于是$acx+bcy=c$.由此可见,$(a,bc)\mid c$,从而$(a,bc)=(a,c)$.如果$a\mid bc$,则也有$a\mid c$.

(2)反复运用(1)可得

$$(a,a_1\cdot\cdots\cdot a_n)=(a,a_n(a_1\cdot\cdots\cdot a_{n-1}))=(a,a_1\cdot\cdots\cdot a_{n-1})$$
$$=\cdots=(a,a_1)=1.$$

(3)当$n=1$时结论显然.假设$n>1$且对更小的n值结论正确,则$[a_1,\cdots,a_{n-1}]=|a_1\cdot\cdots\cdot a_{n-1}|$与$a_n$互素(由归纳假设及(2)),于是

$$[a_1,\cdots,a_n]=[[a_1,\cdots,a_{n-1}],a_n]=\frac{[a_1,\cdots,a_{n-1}]|a_n|}{([a_1,\cdots,a_{n-1}],a_n)}$$
$$=|a_1\cdot\cdots\cdot a_{n-1}|\cdot|a_n|=|a_1\cdot\cdots\cdot a_n|.$$

这就归纳证明了(3).

(4)任给素数p及$1\leqslant i\leqslant n$,我们断言$k\mid \mathrm{ord}_p a_i$.事实上,当$p\nmid a_i$时,$\mathrm{ord}_p a_i=0$被k整除;如果$p\mid a_i$,则p不整除$a_1,\cdots,a_n$中其余$n-1$个(因为它们都与a_i互素),从而

$$\mathrm{ord}_p a_i=\mathrm{ord}_p a_1+\cdots+\mathrm{ord}_p a_n=\mathrm{ord}_p(a_1\cdot\cdots\cdot a_n)$$
$$=\mathrm{ord}_p(x^k)=k\cdot\mathrm{ord}_p x.$$

记$x=p_1^{\alpha_1}\cdot\cdots\cdot p_r^{\alpha_r}$,这里$p_1,\cdots,p_r$为不同素数,$\alpha_1,\cdots,\alpha_r\in\mathbf{N}$.显然诸$a_i$的素因子都是$x^k$的素因子,从而属于$\{p_1,\cdots,p_r\}$.对$i=1,\cdots,n$,记$x_i=\prod_{s=1}^{r}p_s^{\frac{\mathrm{ord}_{p_s}a_i}{k}}$,则$x_i^k=\prod_{s=1}^{r}p_s^{\mathrm{ord}_{p_s}a_i}=a_i$(由第2章推论2.3),而且

$$x_1\cdot\cdots\cdot x_n=\prod_{s=1}^{r}p_s^{\frac{\mathrm{ord}_{p_s}a_1+\cdots+\mathrm{ord}_{p_s}a_n}{k}}=\prod_{s=1}^{r}p_s^{\mathrm{ord}_{p_s}x}=\prod_{s=1}^{r}p_s^{\alpha_s}=x.$$

当$1\leqslant i<j\leqslant n$时

$$(x_i,x_j)^k=(x_i^k,x_j^k)=(a_i,a_j)=1,$$

从而$(x_i,x_j)=1$.因此$x_1,\cdots,x_n$两两互素.

综上,定理3.5证毕.

例3.8　设p为素数,a与b为整数.利用定理3.5(1)证明:当$p\mid ab$时,必定$p\mid a$或者$p\mid b$.

证明 假设 $p \mid ab$ 但 $p \nmid a$,则 $(a, p) \neq p$. 由于 $(a, p) \mid p$ 且 p 为素数,必定 $(a, p)=1$. 既然 p 与 a 互素,应用定理 3.5(1)便得 $p \mid b$.

例 3.8 表明定理 3.5(1)蕴涵着第 2 章推论 2.1,由此也可建立算术基本定理(特别是大于 1 的整数分解成素数乘积的唯一性).

对于互素的正整数 a 与 m,等差数列

$$a,\ a+m,\ a+2m,\ a+3m,\ \cdots$$

中是否有无穷多个素数呢? 第 2 章推论 2.2 表明:当 $m \in \{4, 6\}$ 且 $a=m-1$ 时答案是肯定的. 著名的狄利克雷(Dirichlet,1805—1859)定理断言,在一般情况下上述问题也有肯定的答案.

习题 3

3.1 设 n 为正整数, x 为实数,试证: $\left\lfloor \frac{x}{n} \right\rfloor = \left\lfloor \frac{\lfloor x \rfloor}{n} \right\rfloor$.

3.2 设 p 为素数,则对任何正整数 n 都有 $\mathrm{ord}_p(n!) - \mathrm{ord}_p\left(\left\lfloor \frac{n}{p} \right\rfloor !\right) = \left\lfloor \frac{n}{p} \right\rfloor$.

*3.3 设 p 为素数, n 为正整数且 $p^k \leqslant n < p^{k+1}$,这里 $k \in \mathbf{N}$. 利用前两题的结论证明

$$\mathrm{ord}_p(n!) = \sum_{1 \leqslant i \leqslant k} \left\lfloor \frac{n}{p^i} \right\rfloor.$$

(提示:先证 $\mathrm{ord}_p\left(\left\lfloor \frac{n}{p^{i-1}} \right\rfloor !\right) - \mathrm{ord}_p\left(\left\lfloor \frac{n}{p^i} \right\rfloor !\right) = \left\lfloor \frac{n}{p^i} \right\rfloor (i=1, 2, \cdots, k)$.)

3.4 利用上题判断 100! 的十进制表示中最右边有连续多少个 0?

3.5 当整数 a 与正整数 b 互素时称分式 $\frac{a}{b}$ 为既约形式. 证明:每个有理数有唯一的既约形式.

3.6 如果非零整数 a 整除 $a_1, \cdots, a_n$ 中的每一个,则

$$\left(\frac{a_1}{a}, \cdots, \frac{a_n}{a}\right) = \frac{(a_1, \cdots, a_n)}{|a|},$$

$$\left[\frac{a_1}{a}, \cdots, \frac{a_n}{a}\right] = \frac{[a_1, \cdots, a_n]}{|a|}.$$

3.7 设 $a, b, c \in \mathbf{Z}$ 且 a, b 不全为 0. 试证: $\frac{a}{(a, b)}$ 与 $\frac{b}{(a, b)}$ 互素,此外

$$(a, bc)=(a, b)\left(\frac{a}{(a, b)}, c\right), \text{而且 } a \mid bc \Leftrightarrow \frac{a}{(a, b)} \mid c.$$

*3.8 设 $a, b, c \in \mathbf{Z}$，则 $([a, b], c)=[(a, c), (b, c)]$.

*3.9（第一届美国数学奥林匹克竞赛题）已知 $a, b, c \in \mathbf{Z}^{+}$，求证

$$\frac{[a, b, c]^{2}}{[a, b][b, c][c, a]}=\frac{(a, b, c)^{2}}{(a, b)(b, c)(c, a)}.$$

第4章　辗转相除法与线性丢番图方程

任给正整数 a 与 b,如何去求它们的最大公因数呢?如果知道 a 与 b 的素数分解式,则依第3章定理3.3可方便地求出 (a, b). 算术基本定理断言:任何大于1的整数都可唯一分解成有限个素数的乘积,但并未告诉我们如何去分解一个给定的大整数.

早在2 000多年前,欧几里得就提出了著名的"辗转相除法"来求任何两个正整数的最大公因数,这个有效算法不依赖于正整数的素数分解式.

定义4.1　对于 $a_1, \cdots, a_n \in \mathbf{Z}$,我们称 $a_1x_1 + \cdots + a_nx_n (x_1, \cdots, x_n \in \mathbf{Z})$ 为 $a_1, \cdots, a_n$ 的**整系数线性组合**,并用 $a_1\mathbf{Z} + \cdots + a_n\mathbf{Z}$ 表示它们构成的集合.

引理4.1　设 $a = bq + c$,这里 $a, b, c, q \in \mathbf{Z}$,则

$$(a, b) = (b, c) \quad \text{并且} \quad a\mathbf{Z} + b\mathbf{Z} = b\mathbf{Z} + c\mathbf{Z}.$$

证明　显然 a 与 b 的公因数也是 b 与 $c = a - bq$ 的公因数, b 与 c 的公因数也是 $a = bq + c$ 与 b 的公因数. 因此 $(a, b) = (b, c)$. 任给 $x, y \in \mathbf{Z}$,显然

$$ax + by = (bq + c)x + by = b(qx + y) + cx \in b\mathbf{Z} + c\mathbf{Z},$$

而且

$$bx + cy = bx + (a - bq)y = ay + b(x - qy) \in a\mathbf{Z} + b\mathbf{Z},$$

故有 $a\mathbf{Z} + b\mathbf{Z} = b\mathbf{Z} + c\mathbf{Z}$.

定理4.1(欧几里得)　任给正整数 $r_0 = a$ 与 $r_1 = b$,设如下作 k 步辗转相除后得到余数0:

$$r_0 = q_1r_1 + r_2, \text{这里 } q_1, r_2 \in \mathbf{N} \text{ 且 } 0 < r_2 < r_1;$$

$$r_1 = q_2r_2 + r_3, \text{这里 } q_2, r_3 \in \mathbf{N} \text{ 且 } 0 < r_3 < r_2;$$

$$\vdots$$

$$r_{k-2} = q_{k-1}r_{k-1} + r_k, \text{这里 } q_{k-1}, r_k \in \mathbf{N} \text{ 且 } 0 < r_k < r_{k-1};$$

$$r_{k-1}=q_kr_k+r_{k+1}\text{，这里 }q_k\in\mathbf{N}\text{ 且 }r_{k+1}=0.$$

则最后一个非零余数 r_k 就是 a 与 b 的最大公因数;而且通过倒着运用上述一系列带余除法可把(a, b)表示成 r_{k-1}与 r_k 的整系数线性组合，r_{k-2}与 r_{k-1}的整系数线性组合，……，$r_0=a$ 与 $r_1=b$ 的整系数线性组合.

证明 第一步:说明一下定理中的辗转相除法是切实可行的.

依第2章定理2.1,存在唯一的q_1，$r_2\in\mathbf{N}$,使得 $r_0=q_1r_1+r_2$ 且 $0\leqslant r_2<r_1$. 如果 $r_2\neq0$,则又存在唯一的 q_2，$r_3\in\mathbf{N}$,使得 $r_1=q_2r_2+r_3$ 且 $0\leqslant r_3<r_2<r_1$. 由于小于 r_1 的正整数少于 r_1 个,按上法进行有限步(步数 $k\leqslant r_1$)后必会得到余数 0(即 $r_{k+1}=0$).

第二步:证明 $r_k=(a, b)$.

反复运用引理4.1可得

$$\begin{aligned}(a, b)&=(r_0, r_1)=(r_1, r_2)=(r_2, r_3)=\cdots\\&=(r_{k-2}, r_{k-1})=(r_{k-1}, r_k)=(r_k, r_{k+1})=r_k.\end{aligned}$$

第三步:说明(a, b)可表示成 r_{i-1}与 r_i 的整系数线性组合($i=k, k-1, \cdots, 1$).

显然$(a, b)=r_k=0r_{k-1}+r_k$ 为 r_{k-1}与 r_k 的整系数线性组合. 假设 $1\leqslant i\leqslant k-1$ 且(a, b)可表示成 r_i 与 r_{i+1}的整系数线性组合 $r_ix+r_{i+1}y$(其中 $x, y\in\mathbf{Z}$),则

$$(a, b)=r_ix+(r_{i-1}-q_ir_i)y=r_{i-1}y+r_i(x-q_iy)$$

为 r_{i-1}与 r_i 的整系数线性组合(根据引理4.1，$r_{i-1}\mathbf{Z}+r_i\mathbf{Z}=r_i\mathbf{Z}+r_{i+1}\mathbf{Z}$). 因此,通过倒着运用定理中的一系列带余除法可依次将(a, b)具体地表示成 r_{k-1}与 r_k 的整系数线性组合，r_{k-1}与 r_{k-2}的整系数线性组合，……，$r_0=a$ 与 $r_1=b$ 的整系数线性组合.

综上,定理4.1得证.

例4.1 求整数771与426的最大公因数以及方程 $771x+426y=(771, 426)$ 的一组整数解.

解 作如下辗转相除,得

$$\begin{aligned}771&=1\times426+345,\\426&=1\times345+81,\\345&=4\times81+21,\\81&=3\times21+18,\\21&=1\times18+3,\\18&=6\times3+0.\end{aligned}$$

最后一个非零余数3就是771与426的最大公因数.

根据上述一系列带余除法,我们有

$$\begin{aligned}3 &= 21-1\times 18 \quad (\text{这是 21 与 18 的整系数线性组合})\\ &= 21-(81-3\times 21)\\ &= -81+4\times 21 \quad (\text{这是 81 与 21 的整系数线性组合})\\ &= -81+4\times(345-4\times 81)\\ &= 4\times 345-17\times 81 \quad (\text{这是 345 与 81 的整系数线性组合})\\ &= 4\times 345-17\times(426-345)\\ &= -17\times 426+21\times 345 \quad (\text{这是 426 与 345 的整系数线性组合})\\ &= -17\times 426+21\times(771-426)\\ &= 21\times 771-38\times 426 \quad (\text{这是 771 与 426 的整系数线性组合}).\end{aligned}$$

因此原方程有一组整数解 $x=21$, $y=-38$.

定理 4.2 设 $a\in\mathbf{Z}$ 且 $m, n\in\mathbf{N}$,则

$$(a^m-1, a^n-1)=|a^{(m,n)}-1|;$$

当 $a>1$ 时, $a^m-1\mid a^n-1 \Leftrightarrow m\mid n$.

证明 如果 $m=0$,则

$$(a^m-1, a^n-1)=(0, a^n-1)=|a^n-1|=|a^{(0,n)}-1|=|a^{(m,n)}-1|.$$

同理,当 $n=0$ 时亦有

$$(a^m-1, a^n-1)=|a^{(m,n)}-1|.$$

假设 $r_0=m$ 与 $r_1=n$ 都是正整数,作如下辗转相除,得

$$r_{i-1}=q_ir_i+r_{i+1} \quad (i=1, \cdots, k),$$

其中 $q_1, \cdots, q_k, r_2, \cdots, r_k\in\mathbf{N}$,且

$$r_1>r_2>\cdots>r_k>r_{k+1}=0.$$

由于

$$(x-1)(x^{q-1}+\cdots+x+1)=x^q-1 \quad (q=1, 2, 3, \cdots),$$

对 $i=1, \cdots, k$ 我们有

$$\begin{aligned}a^{r_{i-1}}-1 &= a^{q_ir_i+r_{i+1}}-1\\ &= a^{r_{i+1}}((a^{r_i})^{q_i}-1)+a^{r_{i+1}}-1\\ &= (a^{r_i}-1)a^{r_{i+1}}\sum_{s=0}^{q_i-1}(a^{r_i})^s+(a^{r_{i+1}}-1),\end{aligned}$$

从而根据引理 4.1 可得

$$(a^{r_{i-1}}-1, a^{r_i}-1)=(a^{r_i}-1, a^{r_{i+1}}-1).$$

因此

$$
\begin{aligned}
(a^m-1,\ a^n-1) &= (a^{r_0}-0,\ a^{r_1}-1)\\
&= (a^{r_1}-1,\ a^{r_2}-1)\\
&\ \ \vdots\\
&= (a^{r_k}-1,\ a^{r_{k+1}}-1)\\
&= (a^{r_k}-1,\ 0)\\
&= |a^{r_k}-1| = |a^{(m,n)}-1|.
\end{aligned}
$$

由上,我们总有$(a^m-1,\ a^n-1)=|a^{(m,n)}-1|$.

当 $a>1$ 时

$$
\begin{aligned}
& a^m-1 \mid a^n-1\\
\Leftrightarrow\ & (a^m-1,\ a^n-1)=a^m-1\\
\Leftrightarrow\ & a^{(m,n)}-1=a^m-1\\
\Leftrightarrow\ & (m,\ n)=m\\
\Leftrightarrow\ & m\mid n.
\end{aligned}
$$

这就完成了定理4.2的证明.

设 a 与 n 为大于1的整数. 如果有大于1的整数 d 与 q 使得 $n=dq$,则 $1<a^d-1<a^n-1$ 且 a^d-1 整除 $a^n-1=(a^d)^q-1$,从而 a^n-1 为合数. 因此,当 a^n-1 为素数时, n 必定为素数,而且 $a=2$(因为 $a-1$ 整除 a^n-1).

定义4.2　当 p 为素数时, $M_p=2^p-1$ 叫作**梅森**(Mersenne, 1588—1648)**数**. 如果梅森数 M_p 为素数,则说 M_p 是个**梅森素数**.

推论4.1　(1)梅森数两两互素;

(2)当 p 为素数时, M_p 的素因子被 p 除余1.

证明　(1)设 p 与 q 为不同的素数,则$(p,\ q)=1$. 应用定理4.2得

$$(2^p-1,\ 2^q-1)=2^{(p,q)}-1=2^1-1=1,$$

因此 M_p 与 M_q 互素.

(2)设 q 为 M_p 的素因子,则 q 为奇素数. 根据第2章例2.5与本章定理4.2, q 整除

$$(2^p-1,\ 2^{q-1}-1)=2^{(p,q-1)}-1.$$

而 $q\nmid 2-1$,故必$(p,\ q-1)=p$,即 $p\mid q-1$.

定义4.3　如果正整数 n 的所有正因数之和 $\sigma(n)$ 等于 $2n$(即 n 的小于 n 的正

因数之和等于 n),则称 n 为**完全数**或**完美数**.

例 4.2(欧几里得) 设 p 为素数,且 $M_p=2^p-1$ 也是素数,则 $2^{p-1}M_p$ 为完全数.

证明 $q=M_p$ 为奇素数,故 $n=2^{p-1}q$ 的全部正因数如下

$$1,\ 2,\ \cdots,\ 2^{p-1},\ q,\ 2q,\ \cdots,\ 2^{p-1}q.$$

于是

$$\begin{aligned}\sigma(n)&=(1+2+\cdots+2^{p-1})+(q+2q+\cdots+2^{p-1}q)\\&=(1+q)(1+2+\cdots+2^{p-1})\\&=2^p\frac{2^p-1}{2-1}\\&=2^pq\\&=2n.\end{aligned}$$

因此 $n=2^{p-1}M_p$ 为完全数.

欧拉证明了偶完全数也必形如 $2^{p-1}M_p$,这里 p 与 $M_p=2^p-1$ 都是素数. 10 000 以内的完全数仅有 6, 28, 496, 8 128. 是否有奇完全数是古希腊留下来的世界难题,使用计算机已验证出 $10^{1\,500}$ 以内没有奇完全数.

阅 读

梅森数简史 在 17 世纪,梅森注意到:当 $p=2, 3, 5, 7, 13, 17, 19, 31$ 时,$M_p=2^p-1$ 都是素数;但梅森数并不总是素数,例如 $M_{11}=2^{11}-1=2\,047=23\times89$. 卢卡斯判别法指出:当 p 为奇素数时,M_p 为素数当且仅当 $M_p\mid S_{p-1}$,这里序列 $\{S_n\}_{n\in\mathbf{Z}^+}$ 如下给出:$S_1=4$ 且 $S_{n+1}=S_n^2-2(n=1, 2, 3, \cdots)$;1876 年,卢卡斯用他的判别法证明了 M_{127} 为素数. 目前已知道有 48 个梅森素数,已发现的最大的梅森素数为 $M_{57\,885\,161}$,其十进制表示有 17 425 170 位(2013 年发现),这也是已知的最大素数. 是否有无穷多个梅森素数是个著名的未解决问题. 访问网址 http://primes.utm.edu/mersenne/可获得关于梅森素数更详细的信息.

例 4.3 证明相邻的斐波那契数互素.

证明 注意

$$F_0=0<F_1=F_2=1<F_3<F_4<\cdots$$

当 $n=0, 1, 2$ 时显然 $(F_n, F_{n+1})=1$. 对于整数 $n\geqslant3$,为求 (F_{n+1}, F_n),作如下辗转相除:

$$F_{n+1}=F_n+F_{n-1},$$
$$F_n=F_{n-1}+F_{n-2},$$
$$\vdots$$
$$F_4=F_3+F_2,$$
$$F_3=2F_2+0.$$

根据定理4.1知

$$(F_{n+1},\ F_n)=F_2=1.$$

定义4.4 任给$A,B\in\mathbf{Z}$,卢卡斯序列$\{u_n\}_{n\in\mathbf{N}}=\{u_n(A,B)\}_{n\in\mathbf{N}}$如下递归地定义:

$$u_0=0,\ u_1=1,\ u_{n+1}=Au_n-Bu_{n-1}\quad(n=1,2,3,\cdots).$$

显然斐波那契数$F_n=u_n(1,-1)(n\in\mathbf{N})$. 由于

$$n+1=2n-(n-1),$$

自然数序列就是卢卡斯序列$\{u_n(2,1)\}_{n\in\mathbf{N}}$. 当$a\in\mathbf{Z}$且$a\neq1$时

$$u_n(a+1,a)=\frac{a^n-1}{a-1}\quad(n\in\mathbf{N}),$$

因为

$$\frac{a^{n+1}-1}{a-1}=(a+1)\frac{a^n-1}{a-1}-a\frac{a^{n-1}-1}{a-1}\quad(n=1,2,3,\cdots).$$

***引理4.2** 设$A,B\in\mathbf{Z}$, $u_n=u_n(A,B)(n\in\mathbf{N})$,则对$k\in\mathbf{Z}^+$及$l\in\mathbf{N}$有加法公式

$$u_{k+l}=u_ku_{l+1}-Bu_{k-1}u_l,$$

而且当$(A,B)=1$时$(Bu_l,u_{l+1})=1$.

证明 我们对l进行归纳.

当$l=0,1$时结论正确. 事实上,$u_1=1$, $u_2=A$,从而$(Bu_0,u_1)=1$且$(Bu_1,u_2)=(A,B)$;还有

$$u_ku_1-Bu_{k-1}u_0=u_k\quad 并且\quad u_ku_2-Bu_{k-1}u_1=Au_k-Bu_{k-1}=u_{k+1}.$$

设n为正整数而且结论对$l=0,1,\cdots,n$都成立,则

$$\begin{aligned}u_{k+(n+1)}&=Au_{k+n}-Bu_{k+(n-1)}\\&=A(u_ku_{n+1}-Bu_{k-1}u_n)-B(u_ku_n-Bu_{k-1}u_{n-1})\\&=u_k(Au_{n+1}-Bu_n)-Bu_{k-1}(Au_n-Bu_{n-1})\end{aligned}$$

$$= u_k u_{n+2} - B u_{k-1} u_{n+1}.$$

假定$(A, B)=1$,由归纳假设,$(Bu_n, u_{n+1})=1$. 于是

$$(u_{n+1}, u_{n+2}) = (u_{n+1}, Au_{n+1} - Bu_n) = (u_{n+1}, -Bu_n) = 1,$$

而且

$$(B, u_{n+2}) = (B, Au_{n+1} - Bu_n) = (B, Au_{n+1}) = (B, u_{n+1}) = 1.$$

因此$(Bu_{n+1}, u_{n+2})=1$.

综上,我们归纳证明了所要结论.

下面的定理4.3是定理4.2的深刻推广.

***定理**4.3(卢卡斯定理) 设A与B为互素的整数. 对$n=0, 1, 2, \cdots$,让$u_n = u_n(A, B)$,则对任何$m, n \in \mathbf{N}$都有

$$(u_m, u_n) = |u_{(m, n)}|.$$

证明 第一步:说明对$k, l, q \in \mathbf{N}$有$(u_{kq+l}, u_k) = (u_k, u_l)$.

事实上,当$q=0$时这是显然的,利用引理4.1、引理4.2及第3章定理3.5(1)还可得

$$\begin{aligned}(u_{k(q+1)+l}, u_k) &= (u_{k+(kq+l)}, u_k)\\ &= (u_k u_{kq+l+1} + (u_{k+1} - Au_k) u_{kq+l}, u_k)\\ &= (u_{k+1} u_{kq+l}, u_k)\\ &= (u_{kq+l}, u_k).\end{aligned}$$

第二步:证明所要结论.

对任何$n \in \mathbf{N}$,显然有

$$(u_0, u_n) = (0, u_n) = |u_n| = |u_{(0, n)}|.$$

下设$r_0 = m$与$r_1 = n$为正整数,作如下辗转相除,得

$$r_{i-1} = q_i r_i + r_{i+1} \quad (i = 1, \cdots, k),$$

其中$q_1, \cdots, q_k, r_2, \cdots, r_k \in \mathbf{N}$且$r_1 > r_2 > \cdots > r_k > r_{k+1} = 0$. 由第一步知

$$(u_{r_{i-1}}, u_{r_i}) = (u_{q_i r_i + r_{i+1}}, u_{r_i}) = (u_{r_i}, u_{r_{i+1}}) \quad (i = 1, 2, \cdots, k),$$

因而

$$\begin{aligned}(u_m, u_n) &= (u_{r_0}, u_{r_1}) = (u_{r_1}, u_{r_2}) = \cdots = (u_{r_k}, u_{r_{k+1}})\\ &= (u_{r_k}, u_0) = (u_{r_k}, 0) = |u_{r_k}| = |u_{(m, n)}|.\end{aligned}$$

古希腊数学家丢番图(Diophantus,约246—330)首次系统地研究了方程的整数解问题. 现在涉及整数解的方程都叫作**丢番图方程**,这种方程有时也叫**不定方程**.

对于整数 a 与 b,定理4.1告诉我们如何求丢番图方程 $ax+by=(a, b)$ 的一组整数特解.怎样才能得到它的整数通解呢?

定理 4.4　(1)设 $a_1, \cdots, a_n, b\in \mathbf{Z}$,则线性丢番图方程

$$a_1x_1+\cdots+a_nx_n=b$$

有整数解当且仅当 $(a_1, \cdots, a_n)\mid b$.

(2)设整数 a 与 b 不全为0,且整数 x_0 与 y_0 适合 $ax_0+by_0=(a, b)$.对于 $c\in \mathbf{Z}$,方程 $ax+by=(a, b)c$ 的整数通解为

$$\begin{cases} x=cx_0+\dfrac{b}{(a, b)}t, \\ y=cy_0-\dfrac{a}{(a, b)}t, \end{cases}$$

其中参数 t 为整数.

证明　(1)如果有 $x_1, \cdots, x_n\in \mathbf{Z}$ 使得 $a_1x_1+\cdots+a_nx_n=b$,则 $(a_1, \cdots, a_n)$ 整除 $a_1x_1, \cdots, a_nx_n$,从而也整除它们的和 b.

反过来,假设 $b=(a_1, \cdots, a_n)q$,这里 $q\in \mathbf{Z}$.依第3章定理3.2有 $y_1, \cdots, y_n\in \mathbf{Z}$ 使得

$$(a_1, \cdots, a_n)=a_1y_1+\cdots+a_ny_n,$$

于是方程 $a_1x_1+\cdots+a_nx_n=b$ 有组整数解

$$x_1=qy_1, \cdots, x_n=qy_n.$$

(2)对于 $d\in \mathbf{Z}$,由(1)知二元一次不定方程 $ax+by=d$ 仅在 $(a, b)\mid d$ 时有整数解.

下设 $d=(a, b)c$,这里 $c\in \mathbf{Z}$.显然

$$a(cx_0)+b(cy_0)=c(ax_0+by_0)=(a, b)c=d,$$

而且对任何的 $t\in \mathbf{Z}$ 有

$$a\left(cx_0+\frac{b}{(a, b)}t\right)+b\left(cy_0-\frac{a}{(a, b)}t\right)=a(cx_0)+b(cy_0)=d.$$

假定整数 x, y 适合 $ax+by=d$,则

$$ax+by=a(cx_0)+b(cy_0),$$

于是

$$\frac{a}{(a, b)}(x-cx_0)=\frac{b}{(a, b)}(cy_0-y).$$

由于$\frac{b}{(a,\ b)}$整除上式左边且与$\frac{a}{(a,\ b)}$互素,依第 3 章定理 3.5(1)知$\frac{b}{(a,\ b)}$整除 $x-cx_0$.

如果 $b=0$,则 $a\neq 0$,且对于 $t=(cy_0-y)\frac{a}{|a|}\in\mathbf{Z}$ 有

$$\begin{cases} x=cx_0=cx_0+\dfrac{b}{(a,\ b)}t, \\ y=cy_0-\dfrac{a}{|a|}t=cy_0-\dfrac{a}{(a,\ b)}t. \end{cases}$$

假如 $b\neq 0$,写 $x-cx_0=\frac{b}{(a,\ b)}t$,这里 $t\in\mathbf{Z}$,则

$$\frac{a}{(a,\ b)}\cdot\frac{b}{(a,\ b)}t=\frac{b}{(a,\ b)}(cy_0-y),$$

从而

$$y=cy_0-\frac{a}{(a,\ b)}t.$$

这样我们就证明了方程 $ax+by=(a,\ b)c$ 有所说的通解.

推论 4.2　设 a 与 b 为互素的正整数,则方程 $ax+by=ab-a-b$ 没有自然数解;但对于整数 $c>ab-a-b$,方程 $ax+by=c$ 有自然数解.

证明　先说明方程 $ax+by=ab-a-b$ 无自然数解.

假设 $x,\ y\in\mathbf{N}$ 适合 $ax+by=ab-a-b$,则

$$a(x+1)+b(y+1)=ab.$$

由于 $b\mid a(x+1)$且$(a,\ b)=1$,我们有 $b\mid x+1$,从而 $x+1\geqslant b$. 类似可得 $y+1\geqslant a$. 于是

$$ab=a(x+1)+b(y+1)\geqslant ab+ba,$$

这与 $ab>0$ 矛盾.

再说明对任给的整数 $c>ab-a-b$,方程 $ax+by=c$ 有自然数解.

由于$(a,\ b)=1$,存在 $x_0,\ y_0\in\mathbf{Z}$ 使得 $ax_0+by_0=1$. 依定理 4.4,方程 $ax+by=c$ 的整数通解为 $x=cx_0+bt,\ y=cy_0-at$, 其中参数 t 为整数.

作带余除法 $cy_0=aq+r$,这里 $q,\ r\in\mathbf{Z}$ 且 $0\leqslant r<a$. 由上, $y=r=cy_0-aq$ 与 $x=cx_0+bq$ 适合方程 $ax+by=c$. 注意 x 也是自然数,因为

$$ax=c-by>ab-a-b-br=(a-1-r)b-a\geqslant -a.$$

推论 4.2 证毕.

通过归纳可把推论4.2推广如下：

如果 $a_1, \cdots, a_n \in \mathbf{Z}^+$ 且 $(a_1, \cdots, a_n)=1$，则大于

$$N(a_1, \cdots, a_n) = \sum_{1<i\leqslant n}[(a_1, \cdots, a_{i-1}), a_i] - \sum_{i=1}^{n} a_i$$

的任何整数都可表示成 $a_1x_1 + \cdots + a_nx_n$ 的形式，这里 $x_1, \cdots, x_n \in \mathbf{N}$.

例4.4 （中国古代的"百鸡题"，见北魏时期的《张邱建算经》）公鸡一只值五元钱，母鸡一只值三元钱，小鸡三只值一元钱. 今用一百元钱共买鸡一百只，其中公鸡、母鸡、小鸡都有. 问：公鸡、母鸡、小鸡各买了多少只？

解 设所买的一百只鸡中，公鸡为 x 只，母鸡为 y 只，小鸡为 z 只. 由题意知

$$\begin{cases} x+y+z=100, & ① \\ 5x+3y+\dfrac{z}{3}=100. & ② \end{cases}$$

式② ×3 − 式①得 $14x+8y=200$，亦即 $7x+4y=100$.

由辗转相除法易知，$(7, 4)=1=7\times(-1)+4\times2$. 根据定理4.4(2)有 $t\in\mathbf{Z}$ 使得 $x=-100+4t$ 且 $y=200-7t$. 由此及式①知，$z=3t$.

由于 $x, y, z>0$，我们有

$$4t>100,\ 200>7t,\ t>0,$$

这表明 $25<t<\dfrac{200}{7}=28+\dfrac{4}{7}$. 于是 t 只能是26, 27, 28之一，相应的三组解如下

$$\begin{cases} x=4, \\ y=18, \\ z=78, \end{cases} \quad \begin{cases} x=8, \\ y=11, \\ z=81, \end{cases} \quad \begin{cases} x=12, \\ y=4, \\ z=84. \end{cases}$$

由上，或者买了4只公鸡、18只母鸡、78只小鸡，或者买了8只公鸡、11只母鸡、81只小鸡，或者买了12只公鸡、4只母鸡、84只小鸡.

阅 读

费马大定理简介 根据几何中的勾股定理，边长为整数的直角三角形对应着丢番图方程 $x^2+y^2=z^2$ 的一组正整数解. 例如，勾三股四弦五表明 $3^2+4^2=5^2$. 古希腊数学家就已知道方程 $x^2+y^2=z^2(2\mid y)$ 的整数通解为

$$\begin{cases} x=k(a^2-b^2), \\ y=k(2ab), \\ z=k(a^2+b^2), \end{cases}$$

其中 $k, a, b\in\mathbf{Z}$ 且 $(a, b)=1$. 这可利用第3章定理3.5(4)来证明.

1621年，费马断言：对于整数 $n \geqslant 3$，方程 $x^n + y^n = z^n$ 无适合 $xyz \neq 0$ 的整数解，这便是著名的费马大定理，费马本人说他有个漂亮的证明，可惜后人找不到其证明的细节. 费马大定理的研究吸引了许多一流数学家与广大数论爱好者，库默尔(Kummer, 1810—1893)的研究还引出了崭新的数论分支——代数数论. 直到1994年，费马大定理才被怀尔斯(Wiles, 1953—)利用博大精深的代数几何工具与模型式理论完整地证明出来，这被认为是20世纪最重大的一项数学成就. 怀尔斯也因此获得1998年菲尔兹(Fields)奖(国际数学界最高奖)特别奖.

习题4

4.1 设 $r_{i-1} = q_i r_i + r_{i+1}(i = 1, \cdots, k)$，这里 $q_1, \cdots, q_k, r_0, r_1, \cdots, r_k \in \mathbf{N}$ 且

$$r_1 > r_2 > \cdots > r_k > r_{k+1} = 0.$$

(1)证明有理数 $\frac{r_0}{r_1}$ 可表示成繁分式

$$q_1 + \cfrac{1}{q_2 + \cfrac{1}{q_3 + \ddots + \cfrac{1}{q_{k-1} + \cfrac{1}{q_k}}}}$$

(这样的繁分式简记为 $q_1 + \frac{1}{q_2 +} \frac{1}{q_3 +} \cdots \frac{1}{+ q_k}$，叫作(有限)简单连分数).

(2)设 $\{F_n\}_{n \in \mathbf{N}}$ 为斐波那契数列，则

$$r_{k-1} \geqslant F_3, r_{k-2} \geqslant F_4, \cdots, r_1 \geqslant F_{k+1}.$$

(3)利用(2)证明拉梅(Láme)定理：从正整数 r_0 与 r_1 出发进行辗转相除的步数 k 不超过 r_1 十进制表示位数的5倍.(提示：$F_{n+5} = 8F_n + 5F_{n-1} > 10F_n(n = 2, 3, \cdots)$，由此可得 $F_{5l+2} > 10^l (l \in \mathbf{Z}^+)$.)

4.2 设 $a, m, n \in \mathbf{N}$ 且 m, n 为奇数，则 $(a^m + 1, a^n + 1) = a^{(m, n)} + 1$.

4.3 利用推论4.1(2)证明：素数有无穷多个，即每个素数 p 之后有个更大的素数.

4.4 设 $A, B \in \mathbf{Z}$ 且 $\Delta = A^2 - 4B$. 让 $\alpha = \frac{A + \sqrt{\Delta}}{2}$ 与 $\beta = \frac{A - \sqrt{\Delta}}{2}$ 为二次方程 $x^2 - Ax + B = 0$ 的两个根. 如果 $\Delta \neq 0$，则有卢卡斯序列通项公式

$$u_n(A, B) = \frac{\alpha^n - \beta^n}{\alpha - \beta} \quad (n = 0, 1, 2, \cdots).$$

如果 $\Delta=0$,则对 $n\in\mathbf{Z}^+$ 有 $u_n(A, B)=n\left(\frac{A}{2}\right)^{n-1}$.(提示:对 n 进行归纳.)

4.5 设 $A, B\in\mathbf{Z}$, $u_n=u_n(A, B)(n\in\mathbf{N})$,让 α 与 β 为方程 $x^2-Ax+B=0$ 的两个根,则对任何 $n\in\mathbf{N}$ 有

$$u_{n+1}-\alpha u_n=\beta^n,\ u_{n+1}-\beta u_n=\alpha^n,\ u_{n+1}^2-Au_nu_{n+1}+Bu_n^2=B^n.$$

4.6 设 $A, B\in\mathbf{Z}$ 且 $m, n\in\mathbf{N}$. 证明:当 $m\mid n$ 时, $u_m(A, B)\mid u_n(A, B)$.

4.7(1)求 2 005 与 917 的最大公因数.

(2)方程 $2\,005x+917y=11$ 是否有整数解?若有,试给出其通解.

4.8 求出 10 与 100 之间满足下述条件的自然数:它加上 13 是 5 的倍数,减去 13 是 6 的倍数.

4.9 五个水手采集了岛上所能找到的椰子. 夜里,一个水手醒了,他把椰子分成相等的五堆,剩下的一个扔给了猴子,然后把他的一份藏起来就去睡觉了. 不一会儿,第二个水手醒了,也把剩下的椰子分成相等的五堆,多出的一个扔给了猴子,然后也藏起他自己的那一份. 剩下的三个水手也依次做了同样的事情,每个人都扔了一个椰子给猴子. 第二天早晨,所有的五个水手都装成什么也没发生,把剩下的椰子分成了相等的五堆,但这次一个椰子也没剩. 求原来这堆椰子的最小数目.

第 5 章　同余式、剩余类及中国剩余定理

属相相同的两个人出生年代之差是 12 的倍数.

三副扑克牌共有 $3\times 54=162$ 张,如果留下 6 张作底牌,则剩下的可由 4 位牌手均分,也就是说 162 与 6 相差一个 4 的倍数.

上述现实中的例子导致下述同余概念的引入.

定义 5.1　任给 $a, b, m\in\mathbf{Z}$,如果 a 与 b 相差一个 m 的倍数,即 $m\mid a-b$,就说 **a 与 b 模 m 同余**,记为 $a\equiv b\ (\mathrm{mod}\ m)$,并称 m 为这个同余式的**模**. 我们用 $a\not\equiv b\ (\mathrm{mod}\ m)$表示 a 不与 b 模 m 同余.

显然 $a, b, m\in\mathbf{Z}$ 时 $a\equiv b\ (\mathrm{mod}\ m)$当且仅当 $a\equiv b\ (\mathrm{mod}\ |m|)$,此外模 0 的同余式 $a\equiv b\ (\mathrm{mod}\ 0)$等价于等式 $a=b$. 因此一般只考虑模 m 为正整数时的同余式.

例如:$162\equiv 6\ (\mathrm{mod}\ 4)$, $29\equiv -3\ (\mathrm{mod}\ 8)$, $73\equiv -27\ (\mathrm{mod}\ 100)$,当 $n\in\mathbf{Z}^+$ 时 $n\equiv -n\ (\mathrm{mod}\ 2n)$.

定理 5.1　任给正整数 m,我们有:

(1)整数 a 与 b 模 m 同余当且仅当它们被 m 除所得的余数(也叫模 m 的余数)相同.

(2)模 m 同余是 $\mathbf{Z}$ 上的等价关系,即有

$$a\equiv a\ (\mathrm{mod}\ m), \qquad \text{(自反性)}$$

$$a\equiv b\ (\mathrm{mod}\ m)\ \Rightarrow b\equiv a\ (\mathrm{mod}\ m), \qquad \text{(对称性)}$$

$$a\equiv b\ (\mathrm{mod}\ m)\ \text{且}\ b\equiv c\ (\mathrm{mod}\ m)\ \Rightarrow a\equiv c\ (\mathrm{mod}\ m), \qquad \text{(传递性)}$$

其中 a, b, c 为任意的整数.

(3)设对 $a, b, c, d\in\mathbf{Z}$ 有模 m 同余式 $a\equiv b\ (\mathrm{mod}\ m)$与 $c\equiv d\ (\mathrm{mod}\ m)$,则

$$a+c\equiv b+d\ (\mathrm{mod}\ m),$$

$$a-c\equiv b-d\ (\mathrm{mod}\ m),$$

$$ac\equiv bd\ (\mathrm{mod}\ m).$$

(4)对于任意的整系数多项式 $P(x)$ 及整数 a 与 b

$$a \equiv b \pmod{m} \Rightarrow P(a) \equiv P(b) \pmod{m}.$$

(5)设 $a, b, c \in \mathbf{Z}$，则

$$ab \equiv ac \pmod{m} \Leftrightarrow b \equiv c \left(\bmod \frac{m}{(a, m)}\right);$$

特别地,当 a 与 m 互素时

$$ab \equiv ac \pmod{m} \Rightarrow b \equiv c \pmod{m}.$$

证明　(1)作带余除法 $a = mu + r$，$b = mv + s$,这里 $u, v \in \mathbf{Z}$ 且 $r, s \in \{0, 1, \cdots, m-1\}$. 显然

$$|r - s| = \max\{r, s\} - \min\{r, s\} \leqslant m - 1,$$

于是

$$\begin{aligned} & a \equiv b \pmod{m} \\ \Leftrightarrow\ & m \mid m(u-v) + r - s \\ \Leftrightarrow\ & m \mid r - s \\ \Leftrightarrow\ & r - s = 0 \\ \Leftrightarrow\ & r = s. \end{aligned}$$

(2)设 $a, b, c \in \mathbf{Z}$，$a - a = 0$,故 $a \equiv a \pmod{m}$. 当 $m \mid a - b$ 时亦有 $m \mid b - a$,故

$$a \equiv b \pmod{m} \Leftrightarrow b \equiv a \pmod{m}.$$

如果 $a \equiv b \equiv c \pmod{m}$(即 $a \equiv b \pmod{m}$ 且 $b \equiv c \pmod{m}$),那么 $a - c = (a - b) + (b - c)$ 为 m 的倍数,从而 $a \equiv c \pmod{m}$.

(3)设 $a - b = mq_1$，$c - d = mq_2$,这里 $q_1, q_2 \in \mathbf{Z}$,则

$$(a \pm c) - (b \pm d) = (a - b) \pm (c - d) = mq_1 \pm mq_2 = m(q_1 \pm q_2),$$

$$ac - bd = a(c - d) + (a - b)d = a \cdot mq_2 + mq_1 \cdot d = m(aq_2 + dq_1),$$

因此 $a \pm c \equiv b \pm d \pmod{m}$ 且 $ac \equiv bd \pmod{m}$.

(4)设 $P(x) = c_0 + c_1 x + \cdots + c_n x^n$,这里 $c_0, \cdots, c_n \in \mathbf{Z}$. 假如 $a \equiv b \pmod{m}$,反复运用(3)知,对 $i = 0, 1, \cdots, n$ 有 $a^i \equiv b^i \pmod{m}$ 与 $c_i a^i \equiv c_i b^i \pmod{m}$,因而

$$P(a) = \sum_{i=0}^{n} c_i a^i \equiv \sum_{i=0}^{n} c_i b^i = P(b) \pmod{m}.$$

(5)由于 $\frac{a}{(a, m)}$ 与 $\frac{m}{(a, m)}$ 互素,我们有

$$\begin{aligned} & m \mid a(b - c) \\ \Leftrightarrow\ & \frac{m}{(a, m)} \left| \frac{a}{(a, m)}(b - c) \right. \end{aligned}$$

$$\Leftrightarrow \frac{m}{(a,\ m)}\bigg|\, b-c,$$

这就证明了定理 5.1(5)的等价式. 当$(a,\ m)=1$时,它表明由$ab\equiv ac\ (\mathrm{mod}\ m)$可得$b\equiv c\ (\mathrm{mod}\ m)$.

至此,定理 5.1 证毕.

定理 5.1 中的(1)~(4)表明同余式的性质与等式的性质非常相似,例如我们可对模m的同余式两边分别相加、相减或者相乘(但模始终不变). 而定理 1 中的(5)则提醒我们同余式与等式也有不同之处. 当$(a,\ m)>1$时,$ab\equiv ac\ (\mathrm{mod}\ m)$未必蕴涵着$b\equiv c\ (\mathrm{mod}\ m)$(相比之下,$\mathbf{Z}$中等式有消去律,即$a\neq 0$且$ab=ac$时必有$b=c$). 例如$2\times 11\equiv 2\times 2\ (\mathrm{mod}\ 6)$,但$11\not\equiv 2\ (\mathrm{mod}\ 6)$;又如$2\times 3\equiv 0\ (\mathrm{mod}\ 6)$,但$2,\ 3\not\equiv 0\ (\mathrm{mod}\ 6)$.

高斯引入的同余记号使我们可集中关注余数,而不必写出用不着的商.

例 5.1 今天是星期四,10 000 天后是星期几?

解 一周有 7 天,让星期日、星期一至星期六分别对应于模 7 的最小非负剩余 0, 1, …, 6. 我们需要计算 4 +10 000 模 7 的余数.

$$\begin{aligned}4+10\,000 &= 7\,000+3\,004\\ &\equiv 3\,004=2\,800+204\\ &\equiv 204=210-6\ (\mathrm{mod}\ 7)\\ &\equiv -6\equiv 1\ (\mathrm{mod}\ 7),\end{aligned}$$

故 10 000 天后应是星期一.

例 5.2 对于写成十进制表示的正整数n,我们有:

(1) 3 整除n当且仅当 3 整除n的各位数之和, 9 整除n当且仅当 9 整除n的各位数之和;

(2) 11 整除n当且仅当n的偶数位上的数字之和与奇数位上的数字之和相差一个 11 的倍数.

证明 设n的十进制表示为$a_k a_{k-1}\cdots a_1 a_0$(其中$a_0,\ a_1,\ \cdots,\ a_k\in\{0,\ 1,\ \cdots,\ 9\}$),以$n_*$表示$n$的各位数之和$a_k+a_{k-1}+\cdots+a_0$.

(1)由于$10\equiv 1\ (\mathrm{mod}\ 9)$,依定理 5.1(4)我们有

$$\begin{aligned}n &= a_k\times 10^k+a_{k-1}\times 10^{k-1}+\cdots+a_1\times 10+a_0\\ &\equiv a_k\times 1^k+a_{k-1}\times 1^{k-1}+\cdots+a_1\times 1+a_0=n_*\ (\mathrm{mod}\ 9).\end{aligned}$$

因为 3 整除 9,我们也有$n\equiv n_*\ (\mathrm{mod}\ 3)$. 因此$3\mid n$当且仅当$3\mid n_*$, $9\mid n$当且仅当$9\mid n_*$.

(2)因为$10\equiv -1\ (\mathrm{mod}\ 11)$,所以

$$n \equiv a_k(-1)^k + a_{k-1}(-1)^{k-1} + \cdots + a_1(-1) + a_0$$
$$\equiv (a_0 + a_2 + \cdots) - (a_1 + a_3 + \cdots) \pmod{11}.$$

于是 11 整除 n 当且仅当 $a_0 + a_2 + \cdots \equiv a_1 + a_3 + \cdots \pmod{11}$.

例如：287 547 的各位数之和为 $2+8+7+5+4+7=33$，它是 3 的倍数但不是 9 的倍数，因而 3 整除 287 547，但 $287\,547 \equiv 33 \equiv 6 \pmod 9$. 假如我们把 36×47 算成1 592，则计算有误，因为 $1+5+9+2$ 不是 9 的倍数. 又如，31 768 是 11 的倍数，因为 $3+7+8 \equiv 1+6 \pmod{11}$.

例 5.3　设 $P(x) = a_0 + a_1x + \cdots + a_nx^n$ 为整系数多项式，而且常数项 a_0 与各项系数之和 $a_0 + a_1 + \cdots + a_n$ 都为奇数，则方程 $P(x)=0$ 无整数解.

证明　设 a 为任意的一个整数. 如果 a 为偶数，即 $a \equiv 0 \pmod 2$，则

$$P(a) \equiv P(0) = a_0 \equiv 1 \pmod 2.$$

如果 a 为奇数，则 $a \equiv 1 \pmod 2$，则

$$P(a) \equiv P(1) = a_0 + a_1 + \cdots + a_n \equiv 1 \pmod 2.$$

因此 $P(a)$ 总为奇数从而不等于 0.

定义 5.2　设 m 为正整数，对于 $a \in \mathbf{Z}$，集合

$$\{x \in \mathbf{Z}:\ x \equiv a \pmod m\} = \{a + mq:\ q \in \mathbf{Z}\}$$

叫作 a **模 m 的剩余类**（或**同余类**），我们以 $a \pmod m$ 或 $a + m\mathbf{Z}$（在 m 明确时也用 $\bar{a}$）表之. 全体模 m 的剩余类构成的集合 $\mathbf{Z}_m = \mathbf{Z}/m\mathbf{Z}$ 叫作**模 m 的剩余类环**，在其上我们如下定义模 m 剩余类之间的加法、减法与乘法

$$a \pmod m \pm b \pmod m = a \pm b \pmod m,$$
$$a \pmod m \cdot b \pmod m = ab \pmod m.$$

为方便起见，对 $\mathbf{Z}_m$ 上的加法、减法与乘法运算，我们采用了和 $\mathbf{Z}$ 上的加法、减法与乘法相同的记号，读者应知道 $\mathbf{Z}_m$ 上的运算不是 $\mathbf{Z}$ 上的运算. 我们对 $\mathbf{Z}_m$ 上的加法、减法与乘法的定义是合理的. 事实上，$a' \pmod m = a \pmod m$（即 $a' \equiv a \pmod m$）并且当 $b' \pmod m = b \pmod m$（即 $b' \equiv b \pmod m$）时，由定理 5.1(3)知

$$a' \pm b' \equiv a \pm b \pmod m \text{ 且 } a'b' \equiv ab \pmod m,$$

从而

$$a' \pm b' \pmod m = a \pm b \pmod m \text{ 且 } a'b' \pmod m = ab \pmod m.$$

设 m 为正整数. 根据第 3 章定理 3.1，每个 $a \in \mathbf{Z}$ 可唯一地表示成 $mq + r$，这里 $q,\ r \in \mathbf{Z}$且 $0 \leqslant r \leqslant m-1$. 因此 $\mathbf{Z}_m$ 恰由两两不相交的 m 个剩余类

$$\overline{0}=0\ (\bmod\ m),\ \overline{1}=1\ (\bmod\ m),\ \cdots,\ \overline{m-1}=m-1\ (\bmod\ m)$$

构成.

例 5.4 $\mathbf{Z}_2=\mathbf{Z}/2\mathbf{Z}=\{0\ (\bmod\ 2),\ 1\ (\bmod\ 2)\}$,这里 $0\ (\bmod\ 2)=2\mathbf{Z}$ 由全体偶数构成,$1\ (\bmod\ 2)=1+2\mathbf{Z}$ 由全体奇数构成. $\mathbf{Z}_2$ 上的算式

$$1\ (\bmod\ 2)+1\ (\bmod\ 2)=2\ (\bmod\ 2)=0\ (\bmod\ 2),$$

$$1\ (\bmod\ 2)\cdot 1\ (\bmod\ 2)=1\ (\bmod\ 2),$$

分别相当于

奇数 + 奇数 = 偶数，奇数 × 奇数 = 奇数.

例 5.5 作出 $\mathbf{Z}_4$ 的加法表与 $\mathbf{Z}_6$ 的乘法表.

解 $\mathbf{Z}_4=\{0\ (\bmod\ 4),\ 1\ (\bmod\ 4),\ 2\ (\bmod\ 4),\ 3\ (\bmod\ 4)\}$ 的加法表如表 5.1 所示:

表 5.1

$\mathbf{Z}_4$ 上加法	0 (mod 4)	1 (mod 4)	2 (mod 4)	3 (mod 4)
0 (mod 4)	0 (mod 4)	1 (mod 4)	2 (mod 4)	3 (mod 4)
1 (mod 4)	1 (mod 4)	2 (mod 4)	3 (mod 4)	0 (mod 4)
2 (mod 4)	2 (mod 4)	3 (mod 4)	0 (mod 4)	1 (mod 4)
3 (mod 4)	3 (mod 4)	0 (mod 4)	1 (mod 4)	2 (mod 4)

上表第一列中 $a\ (\bmod\ 4)$ 所在的行与第一行中 $b\ (\bmod\ 4)$ 所在的列的交叉处为

$$a\ (\bmod\ 4)+b\ (\bmod\ 4)=a+b\ (\bmod\ 4).$$

$\mathbf{Z}_6=\{\overline{r}=r\ (\bmod\ 6):\ r=0,\ 1,\ 2,\ 3,\ 4,\ 5\}$ 的乘法表如表 5.2 所示:

表 5.2

$\mathbf{Z}_6$ 上乘法	$\overline{0}$	$\overline{1}$	$\overline{2}$	$\overline{3}$	$\overline{4}$	$\overline{5}$
$\overline{0}$	$\overline{0}$	$\overline{0}$	$\overline{0}$	$\overline{0}$	$\overline{0}$	$\overline{0}$
$\overline{1}$	$\overline{0}$	$\overline{1}$	$\overline{2}$	$\overline{3}$	$\overline{4}$	$\overline{5}$
$\overline{2}$	$\overline{0}$	$\overline{2}$	$\overline{4}$	$\overline{0}$	$\overline{2}$	$\overline{4}$
$\overline{3}$	$\overline{0}$	$\overline{3}$	$\overline{0}$	$\overline{3}$	$\overline{0}$	$\overline{3}$
$\overline{4}$	$\overline{0}$	$\overline{4}$	$\overline{2}$	$\overline{0}$	$\overline{4}$	$\overline{2}$
$\overline{5}$	$\overline{0}$	$\overline{5}$	$\overline{4}$	$\overline{3}$	$\overline{2}$	$\overline{1}$

注意 $\overline{2}\neq\overline{0}$ 且 $\overline{3}\neq\overline{0}$,但是 $\overline{2}\cdot\overline{3}=\overline{6}=\overline{0}$.

对于正整数 m, $\mathbf{Z}_m$ 上的加法、减法与乘法运算有与 $\mathbf{Z}$ 上的加法、减法与乘法运算相类似的性质,这包括加法的交换律与结合律、乘法的交换律与结合律以及乘法对加法的分配律.

例 5.6 设 m 为正整数. 证明: $\mathbf{Z}_m$ 上的乘法满足交换律,而且 $\mathbf{Z}_m$ 上的乘法对加法有分配律.

证明 任给 $a, b, c \in \mathbf{Z}$, 显然 $\overline{a}\ \overline{b} = \overline{ab} = \overline{ba} = \overline{b}\ \overline{a}$, 而且

$$\begin{aligned}\overline{a}(\overline{b}+\overline{c}) &= \overline{a}\cdot\overline{b+c} = \overline{a(b+c)}\\ &= \overline{ab+ac} = \overline{ab}+\overline{ac} = \overline{a}\ \overline{b}+\overline{a}\ \overline{c}.\end{aligned}$$

这就表明 $\mathbf{Z}_m$ 上的乘法适合交换律而且乘法对加法有分配律.

定义 5.3 在模正整数 m 的剩余类环 $\mathbf{Z}_m$ 中,如果 $\overline{a}\ \overline{b} = \overline{0}$, 但 $\overline{a} \neq \overline{0}$ 且 $\overline{b} \neq \overline{0}$, 则称 $\overline{a}$ 与 $\overline{b}$ 为 $\mathbf{Z}_m$ 的零因子.

定理 5.2 设 m 为正整数,则 $\mathbf{Z}_m$ 有零因子(即有 $a, b \not\equiv 0 \pmod m$ 使得 $ab \equiv 0 \pmod m$)当且仅当 m 为合数.

证明 假设 m 为合数,则有大于 1 且小于 m 的整数 a 与 b 使得 $ab = m$. 注意 $\overline{a} \neq \overline{0}$ 且 $\overline{b} \neq \overline{0}$,但 $\overline{a}\ \overline{b} = \overline{ab} = \overline{m} = \overline{0}$.

当 $m = 1$ 时, $\mathbf{Z}_m$ 中只有 $\overline{0}$,从而没有零因子.

假如 m 是个素数 p,则当 $\overline{a}, \overline{b} \neq \overline{0}$ 时, $p \nmid a$ 且 $p \nmid b$,于是 $p \nmid ab$(依第 2 章推论 2.1),从而 $\overline{ab} = \overline{ab} \neq \overline{0}$. 因此 $\mathbf{Z}_m = \mathbf{Z}_p$ 没有零因子.

综上,定理 5.2 得证.

任给正整数 m 与 $a_0, a_1, \cdots, a_n \in \mathbf{Z}$,同余方程

$$P(x) = a_0 + a_1x + \cdots + a_nx^n \equiv 0 \pmod m$$

有整数解 $x = x_0$ 当且仅当 $\mathbf{Z}_m$ 上的等式方程

$$\overline{a_0} + \overline{a_1}x + \cdots + \overline{a_n}x^n = \overline{0}$$

在 $\mathbf{Z}_m$ 中有解 $x = \overline{x_0}$; 事实上

$$\begin{aligned}&a_0 + a_1x_0 + \cdots + a_nx_0^n \equiv 0 \pmod m\\ \Leftrightarrow\ &\overline{a_0 + a_1x_0 + \cdots + a_nx_0^n} = \overline{0}\end{aligned}$$

$$\Leftrightarrow \overline{a_0} + \overline{a_1 x_0} + \cdots + \overline{a_n x_0^n} = \overline{0}$$
$$\Leftrightarrow \overline{a_0} + \overline{a_1}\ \overline{x_0} + \cdots + \overline{a_n}\ \overline{x_0^n} = \overline{0}$$
$$\Leftrightarrow \overline{a_0} + \overline{a_1}\ \overline{x_0} + \cdots + \overline{a_n}\ \overline{x_0}^n = \overline{0}.$$

当同余式 $P(x) \equiv 0 \pmod m$ 有整数解 $x = x_0$ 时，$x = x_0 + mq$（其中 q 为任意的整数）也是它的解. 同余式 $P(x) \equiv 0 \pmod m$ 的模 m 两两不同余的解的个数（亦即 $\overline{a_0} + \overline{a_1}x + \cdots + \overline{a_n}x^n = \overline{0}$ 在 $\mathbf{Z}_m$ 中不同解的个数）叫作该同余方程的**解数**.

定理 5.3 设 m 为正整数，b 为整数.

(1) 当 $a_1, \cdots, a_n \in \mathbf{Z}$ 时，线性同余方程
$$a_1 x_1 + \cdots + a_n x_n \equiv b \pmod m$$
有（整数）解当且仅当 $(a_1, \cdots, a_n, m) \mid b$.

(2) 当 $a \in \mathbf{Z}$ 且 $(a, m) \mid b$ 时，同余方程 $ax \equiv b \pmod m$ 的解数为 (a, m).

证明 (1) 显然

同余方程 $a_1 x_1 + \cdots + a_n x_n \equiv b \pmod m$ 有解

$\Leftrightarrow$ 存在 $x_1, \cdots, x_n, x_{n+1} \in \mathbf{Z}$ 使得 $a_1 x_1 + \cdots + a_n x_n + m x_{n+1} = b$

$\Leftrightarrow (a_1, \cdots, a_n, m) \mid b$ （由第 4 章定理 4.4）.

(2) 设 $a \in \mathbf{Z}$ 且 $(a, m) \mid b$，依 (1) 知有 $x_0 \in \mathbf{Z}$ 使得 $ax_0 \equiv b \pmod m$. 对于 $x \in \mathbf{Z}$，有

$ax \equiv b \pmod m$

$\Leftrightarrow ax \equiv ax_0 \pmod m$

$\Leftrightarrow x \equiv x_0 \left(\bmod \dfrac{m}{(a, m)}\right)$ （由定理 5.1(5)）

$\Leftrightarrow$ 有 $q, r \in \mathbf{Z}$ 使得 $0 \leqslant r < (a, m)$ 且 $x = x_0 + \dfrac{m}{(a, m)}((a, m)q + r)$

$\Leftrightarrow$ 有 $r \in \{0, 1, \cdots, (a, m) - 1\}$ 使得 $x \equiv x_0 + \dfrac{m}{(a, m)} r \pmod m$.

因此同余方程 $ax \equiv b \pmod m$ 的解数为 (a, m).

例 5.7 解同余方程 $426x \equiv 15 \pmod{771}$.

解 如同在第 4 章例 4.1 中那样，通过辗转相除法求得 $(426, 771) = 3$，并给出 $426x + 771y = 3$ 的一组特解 $x = -38$，$y = 21$. 由于 $(426, 771) = 3$ 整除 15，同余式 $426x \equiv 15 \pmod{771}$ 有解；事实上，$426 \times (-38 \times 5) \equiv 15 \pmod{771}$.

对于 $x \in \mathbf{Z}$，我们有

$$\begin{aligned}
&426x \equiv 15 \pmod{771} \\
\Leftrightarrow\ &426x \equiv 426 \times (-38 \times 5) \pmod{771} \\
\Leftrightarrow\ &771 \mid 426(x+190) \\
\Leftrightarrow\ &\left.\frac{771}{(771,\ 426)}\ \right|\ x+190 \\
\Leftrightarrow\ &x \equiv -190 \equiv 67 \pmod{257} \\
\Leftrightarrow\ &x \equiv 67 \pmod{771} \\
&\text{或 } x \equiv 67+257 \pmod{771} \\
&\text{或 } x \equiv 67+2 \times 257 \pmod{771} \\
\Leftrightarrow\ &x \equiv 67,\ 324,\ 581 \pmod{771}.
\end{aligned}$$

因此同余方程 $426x \equiv 15 \pmod{771}$ 的解为

$$x \equiv 67 \pmod{771},\ x \equiv 324 \pmod{771},\ x \equiv 581 \pmod{771}.$$

下述定理就是西方人所称的中国剩余定理，它是中国古代数学最辉煌的成就. 该定理起源于公元4世纪时中国的数学著作《孙子算经》，中国人习惯上称之为孙子定理.

定理 5.4（中国剩余定理） 设 $m_1, \cdots, m_k$ 是两两互素的正整数，$a_1, \cdots, a_k$ 为任意的整数，则同余式组

$$\begin{cases} x \equiv a_1 \pmod{m_1} \\ \quad\vdots \\ x \equiv a_k \pmod{m_k} \end{cases} \quad ①$$

的整数通解为

$$x \equiv \sum_{i=1}^{k} a_i M_i M_i^* \pmod{M}, \quad ②$$

这里 $M = m_1 \cdot \cdots \cdot m_k$，$M_i = \dfrac{M}{m_i}$，整数 M_i^* 适合 $M_i M_i^* \equiv 1 \pmod{m_i}$.

证明 根据第3章定理3.5(2)有，$M_i = \prod\limits_{\substack{1 \leqslant j \leqslant k \\ j \neq i}} m_j$ 与 m_i 互素，因而有整数 M_i^* 适合 $M_i M_i^* \equiv 1 \pmod{m_i}$（由定理5.3）.

令 $x_0 = \sum\limits_{i=1}^{k} a_i M_i M_i^*$. 任给 $1 \leqslant j \leqslant k$，由于对 $1, \cdots, k$ 中异于 j 的 i 都有 $m_j \mid M_i$，我

们有 $x_0\equiv a_jM_jM_j^*\equiv a_j\pmod{m_j}$. 因此 $x=x_0$ 适合式①.

由于 $m_1,\cdots,m_k$ 两两互素,依第 3 章定理 3.5(3)知 $[m_1,\cdots,m_k]=M$. 对任给的 $x\in\mathbf{Z}$

$$\begin{aligned}\text{式①成立}&\Leftrightarrow \text{对 } j=1,\cdots,k \text{ 都有 } x\equiv a_j\equiv x_0\pmod{m_j}\\&\Leftrightarrow \text{对 } j=1,\cdots,k \text{ 都有 } m_j\mid x-x_0\\&\Leftrightarrow [m_1,\cdots,m_k]\mid x-x_0\\&\Leftrightarrow x\equiv x_0\pmod M.\end{aligned}$$

因此式②给出了同余式组①的通解.

定理 5.4 给出的求解一次同余式组①的方法出现在宋朝秦九韶(1202—1261)的著名数学著作《数书九章》中,这远远早于西方数学家欧拉、高斯的同类工作. 秦九韶称此法为"大衍求一术". 定理中 M_i^* 取值不明显时可通过辗转相除法来求得 $M_ix+m_iy=1$ 的一组整数解(秦九韶求 M_i^* 的方法与此类似).

例 5.8 (《孙子算经》中的一道题)今有物不知其数,三三数之剩二,五五数之剩三,七七数之剩二,问物几何.

解 问题化为求解一次同余式组

$$\begin{cases}x\equiv 2\pmod 3,\\x\equiv 3\pmod 5,\\x\equiv 2\pmod 7.\end{cases}$$

注意这里的模 3, 5, 7 两两互素,显然 $(5\times7)x_1\equiv1\pmod 3$ 有解 $x_1=-1$, $(3\times7)x_2\equiv 1\pmod 5$ 有解 $x_2=1$, $(3\times5)x_3\equiv1\pmod 7$ 有解 $x_3=1$. 根据中国剩余定理,上述同余式组的通解为

$$\begin{aligned}x&\equiv 2\times(5\times7)\times(-1)+3\times(3\times7)\times1+2\times(3\times5)\times1\\&\equiv 23\pmod{3\times5\times7}.\end{aligned}$$

因此所求的物体总数模 105 余 23,亦即 23, 23 + 105, 23 + 2 × 105, …都是可能的答案.

设 $m_1,\cdots,m_k$ 为两两互素的正整数. 中国剩余定理表明对任意的 $a_1\pmod{m_1}\in\mathbf{Z}_{m_1},\cdots,a_k\pmod{m_k}\in\mathbf{Z}_{m_k}$,有唯一的 $a\pmod{m_1\cdot\cdots\cdot m_k}\in\mathbf{Z}_{m_1\cdot\cdots\cdot m_k}$ 使得

$$a\pmod{m_1}=a_1\pmod{m_1},\ \cdots,\ a\pmod{m_k}=a_k\pmod{m_k},$$

亦即

$$a_1\pmod{m_1}\cap\cdots\cap a_k\pmod{m_k}=a\pmod{m_1\cdot\cdots\cdot m_k}.$$

这就建立了笛卡儿积

$$\mathbf{Z}_{m_1}\times\cdots\times\mathbf{Z}_{m_k}=\{\text{有序 } k \text{ 元组}\langle a_1\pmod{m_1},\cdots,a_k\pmod{m_k}\rangle:$$

$$0 \leqslant a_1 < m_1, \cdots, 0 \leqslant a_k < m_k\}$$

到 $\mathbf{Z}_{m_1 \cdot \cdots \cdot m_k}$的一一对应.

例 5.9 用中国剩余定理给出 $\mathbf{Z}_3 \times \mathbf{Z}_5$ 到 $\mathbf{Z}_{15}$的一一对应.

解 如表 5.3 所示：

表 5.3

交集	0 (mod 5)	1 (mod 5)	2 (mod 5)	3 (mod 5)	4 (mod 5)
0 (mod 3)	0 (mod 15)	6 (mod 15)	12 (mod 15)	3 (mod 15)	9 (mod 15)
1 (mod 3)	10 (mod 15)	1 (mod 15)	7 (mod 15)	13 (mod 15)	4 (mod 15)
2 (mod 3)	5 (mod 15)	11 (mod 15)	2 (mod 15)	8 (mod 15)	14 (mod 15)

上表第一列中 $a \pmod 3$所在的行与第一行中 $b \pmod 5$所在的列的交叉处为 $a \pmod 3 \cap b \pmod 5 = x \pmod{15}$. 这里 x 同时满足 $x \equiv a \pmod 3$与 $x \equiv b \pmod 5$. 由于3 与 5 较小,可如下直接寻找 x：当 $b \equiv a \pmod 3$时可取 $x = b$;如果 $b \not\equiv a \pmod 3$但$b + 5 \equiv a \pmod 3$,则可取 $x = b + 5$;如果 $a \not\equiv b$, $b + 5 \pmod 3$,则必 $b + 2 \times 5 \equiv a \pmod 3$(因为 b, $b + 5$, $b + 2 \times 5$ 模3 两两不同余),从而可取 $x = b + 10$. 例如,用此法可得$1 \pmod 3 \cap 3 \pmod 5 = 3 + 2 \times 5 \pmod{15}$.

中国剩余定理有下述有用的推论.

推论 5.1 设 $P(x)$是关于 x 的整系数多项式,正整数 m 有素数分解式 $p_1^{\alpha_1} \cdot \cdots \cdot p_r^{\alpha_r}$,这里 $p_1, \cdots, p_r$ 为不同素数,$\alpha_1, \cdots, \alpha_r \in \mathbf{N}$. 任给 $x \in \mathbf{Z}$,有

$$P(x) \equiv 0 \pmod m$$

当且仅当存在 $x_1, \cdots, x_r \in \mathbf{Z}$ 使得

$$P(x_i) \equiv 0 \pmod{p_i^{\alpha_i}} \text{ 并且 } x \equiv x_i \pmod{p_i^{\alpha_i}} \quad (i = 1, \cdots, r).$$

证明 如果 $P(x) \equiv 0 \pmod m$,则对 $i = 1, \cdots, r$ 可取 $x_i = x$,因为 $P(x) \equiv 0 \pmod{p_i^{\alpha_i}}$.

假设 $x_1, \cdots, x_r \in \mathbf{Z}$ 且对 $i = 1, \cdots, r$ 有 $P(x_i) \equiv 0 \pmod{p_i^{\alpha_i}}$. 如果

$$\begin{cases} x \equiv x_1 \pmod{p_1^{\alpha_1}}, \\ \quad\vdots \\ x \equiv x_r \pmod{p_r^{\alpha_r}}, \end{cases}$$

则对 $i = 1, \cdots, r$ 有 $P(x) \equiv P(x_i) \equiv 0 \pmod{p_i^{\alpha_i}}$,从而 $m = [p_1^{\alpha_1}, \cdots, p_r^{\alpha_r}]$ 整除

$P(x)$.

综上,推论 5.1 得证.

推论 5.1 表明多项式同余方程可归约到模为素数幂的情形.

例 5.10 解同余式 $6x^3+27x^2+32x+10\equiv 0 \pmod{15}$.

解 设 $P(x)=6x^3+27x^2+32x+10$. 由于

$$P(x)\equiv 2x+10\equiv -x+1 \pmod 3,$$

$P(x)\equiv 0 \pmod 3$ 的解为 $x\equiv 1 \pmod 3$. 注意

$$P(x)\equiv x^3+2x^2+2x\equiv x(x^2-3x+2)=x(x-1)(x-2) \pmod 5,$$

故 $P(x)\equiv 0 \pmod 5$ 的解为 $x\equiv 0,1,2 \pmod 5$.

由上知

$$\begin{aligned}
&P(x)\equiv 0 \pmod{15}\\
\Leftrightarrow &\begin{cases} x\equiv 1 \pmod 3\\ x\equiv 0,1,2 \pmod 5\end{cases}\\
\Leftrightarrow &\begin{cases} x\equiv 1 \pmod 3\\ x\equiv 0 \pmod 5\end{cases}\\
&\text{或}\begin{cases} x\equiv 1 \pmod 3\\ x\equiv 1 \pmod 5\end{cases}\\
&\text{或}\begin{cases} x\equiv 1 \pmod 3\\ x\equiv 2 \pmod 5\end{cases}\\
\Leftrightarrow &\ x\equiv 10 \pmod{15}\\
&\text{或 } x\equiv 1 \pmod{15}\\
&\text{或 } x\equiv 7 \pmod{15}.
\end{aligned}$$

因此所求同余式的解为 $x\equiv 1,7,10 \pmod{15}$.

阅 读

拉格朗日(Lagrange)插值公式 设 $P(x)$ 是次数小于 n 的实系数(或复系数)多项式,已知它在 n 个不同值 $x_1,\cdots,x_n$ 处的取值 $P(x_1),\cdots,P(x_n)$,则可按下法定出多项式 $P(x)$

$$P(x)=\sum_{i=1}^{n}P(x_i)\prod_{\substack{j=1\\ j\neq i}}^{n}\frac{x-x_j}{x_i-x_j}.$$

这个拉格朗日插值公式与中国剩余定理有异曲同工之妙(请读者仔细体会).

该公式成立的理由如下：

令上式右边的多项式为 $Q(x)$，则对于 $k=1, \cdots, n$ 有

$$\begin{aligned}Q(x_k) &= \sum_{i=1}^{n} P(x_i) \prod_{\substack{j=1 \\ j\neq i}}^{n} \frac{x_k - x_j}{x_i - x_j} \\ &= P(x_k) \prod_{\substack{j=1 \\ j\neq k}}^{n} \frac{x_k - x_j}{x_k - x_j} + \sum_{\substack{i=1 \\ i\neq k}}^{n} P(x_i) \prod_{\substack{j=1 \\ j\neq i}}^{n} \frac{x_k - x_j}{x_i - x_j} \\ &= P(x_k) \times 1 + \sum_{\substack{i=1 \\ i\neq k}}^{n} P(x_i) \times 0 \\ &= P(x_k).\end{aligned}$$

于是低于 n 次的多项式方程 $P(x)-Q(x)=0$ 有 n 个不同的根 $x_1, \cdots, x_n$，因而必定有 $P(x)=Q(x)$.

如果不要求同余式组①中的模 $m_1, \cdots, m_k$ 两两互素，如何判定同余方程组①是否有解？下述定理回答了这一问题.

定理 5.5　设 $m_1, \cdots, m_k \in \mathbf{Z}^+$ 且 $a_1, \cdots, a_k \in \mathbf{Z}$，则同余方程组①有解当且仅当在 $1 \leqslant i \leqslant j \leqslant k$ 时总有 $(m_i, m_j) \mid a_i - a_j$，而且剩余类 $a_1 \pmod{m_1}, \cdots, a_k \pmod{m_k}$ 两两相交非空时它们的交集 $a_1 \pmod{m_1} \cap \cdots \cap a_k \pmod{m_k}$ 是个模 $[m_1, \cdots, m_k]$ 的剩余类.

证明　我们对 k 进行归纳：

当 $k=1$ 时不需要做什么.

当 $k=2$ 时，显然有

$$\begin{aligned}&a_1 \pmod{m_1} \cap a_2 \pmod{m_2} \neq \varnothing \\ \Leftrightarrow\ & \text{存在 } x, y \in \mathbf{Z} \text{ 使 } a_1 + m_1 x = a_2 + m_2 y \\ \Leftrightarrow\ & \text{方程 } m_1 x - m_2 y = a_2 - a_1 \text{ 有整数解} \\ \Leftrightarrow\ & (m_1, m_2) \mid a_1 - a_2 \quad \text{（依第 4 章定理 6.4）；}\end{aligned}$$

如果 $a \in a_1 \pmod{m_1} \cap a_2 \pmod{m_2}$，则

$$\begin{aligned}&x \in a_1 \pmod{m_1} \cap a_2 \pmod{m_2} \\ \Leftrightarrow\ & x \equiv a \pmod{m_1} \text{ 且 } x \equiv a \pmod{m_2} \\ \Leftrightarrow\ & x \equiv a \pmod{[m_1, m_2]}.\end{aligned}$$

因此 $a_1 \pmod{m_1} \cap a_2 \pmod{m_2}$ 非空时必是个模 $[m_1, m_2]$ 的剩余类.

现设 $k>2$ 且定理对更小的 k 值已成立. 如果同余方程组①有解,则当 $1 \leqslant i < j \leqslant k$ 时,同余式 $x \equiv a_i \pmod{m_i}$ 与 $x \equiv a_j \pmod{m_j}$ 有公解,从而 $(m_i, m_j) \mid a_i - a_j$.

以下假定当 $1 \leqslant i < j \leqslant k$ 时总有 $a_i \pmod{m_i} \cap a_j \pmod{m_j} \neq \varnothing$,即 $(m_i, m_j) \mid a_i - a_j$. 我们来说明 $a_1 \pmod{m_1} \cap \cdots \cap a_k \pmod{m_k}$ 是个模 $[m_1, \cdots, m_k]$ 的剩余类. 依归纳假设,有 $a \in \mathbf{Z}$ 使得

$$a_1 \pmod{m_1} \cap \cdots \cap a_{k-1} \pmod{m_{k-1}} = a \pmod{[m_1, \cdots, m_{k-1}]}.$$

当 $i=1, \cdots, k-1$ 时

$$a - a_k \equiv a_i - a_k \equiv 0 \pmod{(m_i, m_k)}.$$

于是 $([m_1, \cdots, m_{k-1}], m_k) = [(m_1, m_k), \cdots, (m_{k-1}, m_k)]$ 整除 $a - a_k$,从而

$$a_1 \pmod{m_1} \cap \cdots \cap a_k \pmod{m_k} = a \pmod{[m_1, \cdots, m_{k-1}]} \cap a_k \pmod{m_k}$$

是个模 $[[m_1, \cdots, m_{k-1}], m_k] = [m_1, \cdots, m_k]$ 的剩余类.

由上,定理 5.5 得证.

习题 5

5.1 设 $n = \sum_{i=0}^{3k+2} (a_i \times 10^i)$,其中 $a_i \in \{0, 1, \cdots, 9\}$,则

$$7 \mid n \Leftrightarrow 7 \mid \sum_{j=0}^{k} (-1)^j (a_{3j+2} \times 10^2 + a_{3j+1} \times 10 + a_{3j}),$$

而且

$$13 \mid n \Leftrightarrow 13 \mid \sum_{j=0}^{k} (-1)^j (a_{3j+2} \times 10^2 + a_{3j+1} \times 10 + a_{3j}).$$

(提示:$7 \times 11 \times 13 = 1\ 001$,故对 $m \in \{7, 11, 13\}$ 有 $10^3 \equiv -1 \pmod{m}$.)

5.2 利用上题判断 24 345 678 是否被 7 整除以及是否为 13 的倍数.

5.3 解一次同余式 $51x \equiv 6 \pmod{75}$.

5.4 设 p 为素数,$\bar{a} \in \mathbf{Z}_p$ 但 $\bar{a} \neq \bar{0}$. 证明:必有 $\bar{b} \in \mathbf{Z}_p$ 使得 $\bar{a}\bar{b} = \bar{1}$.

5.5 (1275 年,杨辉的《续古摘奇算法》中的一道题)二数余一,五数余二,七数余三,九数余四,问本数.(即求同余式 $x \equiv 1 \pmod 2$, $x \equiv 2 \pmod 5$, $x \equiv 3 \pmod 7$, $x \equiv 4 \pmod 9$ 的公解.)

*5.6 设 $x_1, \cdots, x_n$ 为不同的实数(或复数),应用拉格朗日插值公式证明恒等式

$$\sum_{i=1}^{n} \prod_{\substack{j=1 \\ j \neq i}}^{n} \frac{x - x_j}{x_i - x_j} = 1.$$

第 6 章　欧拉定理、费马小定理及威尔逊定理

定义 6.1　设 m 为正整数，如果 $a_1, \cdots, a_m \in \mathbf{Z}$ 模 m 两两不同余，则称 $\{a_1, \cdots, a_m\}$ 是模 m 的一个**完全（剩余）系**. 我们以 $\varphi(m)$ 表示 $1, \cdots, m$ 中与 m 互素的数的个数，并称函数 φ 为**欧拉函数**. 如果 $a_1, \cdots, a_{\varphi(m)}$ 都与 m 互素且模 m 两两不同余，则称 $\{a_1, \cdots, a_{\varphi(m)}\}$ 是模 m 的一个**缩系**（或**简化剩余系**）.

设 m 为正整数，对 $a \in \mathbf{Z}$ 让 $\bar{a}$ 表示 a 模 m 的剩余类. 根据带余除法知

$$\{a_1, \cdots, a_m\} \text{为模 } m \text{ 的完全系} \Leftrightarrow \{\overline{a_1}, \cdots, \overline{a_m}\} = \{\bar{0}, \bar{1}, \cdots, \overline{m-1}\} = \mathbf{Z}_m.$$

依第 4 章引理 4.1，当 $a \equiv b \pmod m$ 时 $(a, m) = (b, m)$. 因此

$$\{a_1, \cdots, a_{\varphi(m)}\} \text{为模 } m \text{ 的缩系} \Leftrightarrow \{\overline{a_1}, \cdots, \overline{a_{\varphi(m)}}\} = \{\bar{a}: 1 \leqslant a \leqslant m \text{ 且} (a, m) = 1\}.$$

任意连续 m 个整数 $a, a+1, \cdots, a+m-1$ 显然构成模 m 的一个完全系，所以

$$\{0, 1, \cdots, m-1\}, \{1, 2, \cdots, m\}, \left\{-\left\lfloor\frac{m-1}{2}\right\rfloor, \cdots, -1, 0, 1, \cdots, \left\lfloor\frac{m}{2}\right\rfloor\right\}$$

都是模 m 的完全系（注意：$\left\lfloor\frac{m}{2}\right\rfloor + \left\lfloor\frac{m-1}{2}\right\rfloor = m-1$）. $\varphi(1) = \varphi(2) = 1$，$\{1\}$ 是模 1, 2 的缩系；$\varphi(3) = \varphi(4) = \varphi(6) = 2$，$\{1, -1\}$ 是模 3, 4, 6 的缩系. 又如，$\{6, 10, 27, -32, 49\}$ 是模 5 的完全系，$\{\pm 1, \pm 5, \pm 5^2, \pm 5^3\}$ 是模 16 的缩系（因为 $5^2 \equiv -7 \pmod{16}$ 且 $5^3 \equiv -3 \pmod{16}$）.

例 6.1　设 $m > 2$ 为整数. 证明：$\varphi(m)$ 为偶数，而且 $1, \cdots, \left\lfloor\frac{m}{2}\right\rfloor$ 中恰有 $\frac{\varphi(m)}{2}$ 个数与 m 互素.

证明　如果 $2 \mid m$，则 $\left(\frac{m}{2}, m\right) = \frac{m}{2} > 1$，因此 $\frac{m}{2}$ 不是与 m 互素的整数.

设小于 $\frac{m}{2}$ 且与 m 互素的正整数由小到大依次为 $a_1, \cdots, a_k$. 如果 $a \in \mathbf{Z}$ 且 $\frac{m}{2} < a \leqslant m-1$，则

$$
\begin{aligned}
&(a,\ m)=1\\
\Leftrightarrow\ &(m-a,\ m)=1\\
\Leftrightarrow\ &m-a\in\{a_1,\ \cdots,\ a_k\}\\
\Leftrightarrow\ &a\in\{m-a_1,\ \cdots,\ m-a_k\}.
\end{aligned}
$$

因此,$1,\ 2,\ \cdots,\ m$ 中与 m 互素的整数由小到大依次为

$$a_1,\ \cdots,\ a_k,\ m-a_k,\ \cdots,\ m-a_1,$$

于是 $\varphi(m)=2k$ 为偶数而且 $\left\{1\leqslant a\leqslant\left\lfloor\frac{m}{2}\right\rfloor:\ (a,\ m)=1\right\}$ 恰有 $k=\frac{\varphi(m)}{2}$ 个元素.

引理 6.1 设 m 与 n 为互素的正整数,$\{x_1,\ \cdots,\ x_{\varphi(m)}\}$ 与 $\{y_1,\ \cdots,\ y_{\varphi(n)}\}$ 分别是模 m、模 n 的缩系,则

$$\{nx_i+my_j:\ 1\leqslant i\leqslant\varphi(m),\ 1\leqslant j\leqslant\varphi(n)\}$$

是模 mn 的缩系,并且 $\varphi(mn)=\varphi(m)\varphi(n)$.

证明 首先说明诸 $nx_i+my_j(1\leqslant i\leqslant\varphi(m),\ 1\leqslant j\leqslant\varphi(n))$ 模 mn 两两不同余. 假如

$$nx_i+my_j\equiv nx_s+my_t\pmod{mn},$$

这里 $1\leqslant s\leqslant\varphi(m)$ 且 $1\leqslant t\leqslant\varphi(n)$,则 $nx_i\equiv nx_s\pmod m$,即 $m\mid n(x_i-x_s)$,而 $(m,\ n)=1$,故 $m\mid x_i-x_s$,从而 $i=s$. 类似地, $n\mid m(y_j-y_t)$,从而 $j=t$.

其次说明诸 nx_i+my_i 都与 mn 互素. 根据第 4 章引理 4.1 与第 3 章定理 3.5

$$(nx_i+my_j,\ m)=(nx_i,\ m)=(x_i,\ m)=1,$$

而且

$$(nx_i+my_j,\ n)=(my_j,\ n)=(y_j,\ n)=1.$$

于是由第 3 章定理 3.5(2) 可得 $(nx_i+my_j,\ mn)=1$.

再来说明对每个与 mn 互素的整数 a,都存在 $1\leqslant i\leqslant\varphi(m)$ 与 $1\leqslant j\leqslant\varphi(n)$ 使得 $a\equiv nx_i+my_j\pmod{mn}$. 由于 $(n,\ m)=1$,依第 4 章定理 4.4 知存在 $x,\ y\in\mathbf{Z}$ 使得 $nx+my=a$. 注意

$$(x,\ m)=(nx,\ m)=(nx+my,\ m)=(a,\ m)=1$$

因而有 $1\leqslant i\leqslant\varphi(m)$ 使得 $x\equiv x_i\pmod m$. 类似地,有 $1\leqslant j\leqslant\varphi(n)$ 使得 $y\equiv y_j\pmod n$. 于是

$$a=nx+my\equiv nx_i+my_j\pmod{mn}.$$

由上,$\{nx_i+my_j:\ 1\leqslant i\leqslant\varphi(m),\ 1\leqslant j\leqslant\varphi(n)\}$ 为模 mn 的缩系,并且 $\varphi(mn)=\varphi(m)\varphi(n)$.

例6.2 $\{\pm1, \pm2\}$为模5的一个缩系，$\{\pm1\}$为模6的一个缩系. 根据引理6.1
$\{6\times(\pm1)+5\times1, 6\times(\pm1)+5\times(-1), 6\times(\pm2)+5\times1, 6\times(\pm2)+5\times(-1)\}=$
$\{\pm1, \pm7, \pm11, \pm17\}$.
为模$5\times6=30$的一个缩系,并且$\varphi(30)=\varphi(5)\varphi(6)=4\times2=8$.

定理6.1 设整数$m>1$有素数分解式$p_1^{\alpha_1}\cdot\cdots\cdot p_r^{\alpha_r}$,这里$p_1, \cdots, p_r$为不同素数,$\alpha_1, \cdots, \alpha_r$为正整数,则

$$\varphi(m)=\prod_{i=1}^{r}p_i^{\alpha_i-1}(p_i-1)=m\prod_{i=1}^{r}\left(1-\frac{1}{p_i}\right).$$

证明 对于素数p及$\alpha\in\mathbf{Z}^+$,显然$1, 2, \cdots, p^\alpha$中被p整除(即与p^α不互素)的数为$p, 2p, \cdots, p^{\alpha-1}p$,因而$\varphi(p^\alpha)=p^\alpha-p^{\alpha-1}=p^{\alpha-1}(\alpha-1)$. 反复运用引理6.1,我们便得

$$\begin{aligned}
\varphi(m)&=\varphi(p_1^{\alpha_1}\cdot\cdots\cdot p_{r-1}^{\alpha_{r-1}}p_r^{\alpha_r})\\
&=\varphi(p_1^{\alpha_1}\cdot\cdots\cdot p_{r-1}^{\alpha_{r-1}})\varphi(p_r^{\alpha_r})\quad(\text{因为}(p_1^{\alpha_1}\cdot\cdots\cdot p_{r-1}^{\alpha_{r-1}}, p_r^{\alpha_r})=1)\\
&=\varphi(p_1^{\alpha_1}\cdot\cdots\cdot p_{r-2}^{\alpha_{r-2}})\varphi(p_{r-1}^{\alpha_{r-1}})\varphi(p_r^{\alpha_r})\quad(\text{因为}(p_1^{\alpha_1}\cdot\cdots\cdot p_{r-2}^{\alpha_{r-2}}, p_{r-1}^{\alpha_{r-1}})=1)\\
&\ \ \vdots\\
&=\varphi(p_1^{\alpha_1})\cdot\cdots\cdot\varphi(p_{r-1}^{\alpha_{r-1}})\cdot\varphi(p_r^{\alpha_r})\\
&=\prod_{i=1}^{r}p_i^{\alpha_i-1}(p_i-1)\\
&=\prod_{i=1}^{r}p_i^{\alpha_i}\left(1-\frac{1}{p_i}\right)\\
&=m\prod_{i=1}^{r}\left(1-\frac{1}{p_i}\right).
\end{aligned}$$

例6.3 计算$\varphi(360)$.

解 因为$360=4\times9\times10=2^3\times3^2\times5$,所以

$$\varphi(360)=2^2(2-1)\times3(3-1)\times(5-1)=96.$$

例6.4 证明:正整数n是它(正)因数的欧拉函数值之和,即有等式

$$\sum_{d\mid n}\varphi(d)=n.$$

证明 当$m\in\{1, \cdots, n\}$时,我们可把有理数$\frac{m}{n}$化成既约形式$\frac{c}{d}$,这里$c=\frac{m}{(m, n)}$与$d=\frac{n}{(m, n)}$互素. 反过来,当$d\mid n$且$c\in\{1, \cdots, d\}$时,$\frac{c}{d}$亦可表示成$\frac{m}{n}$

的形式，这里 $m=\frac{cn}{d}\in\{1,\cdots,n\}$.

让 $d_1,\cdots,d_k$ 是 n 的全部不同的(正)因数，则

$$\left\{\frac{m}{n}:\ m=1,\cdots,n\right\}=S_1\cup\cdots\cup S_k,$$

其中

$$S_i=\left\{\frac{c_i}{d_i}:\ 1\leqslant c_i\leqslant d_i\ 且(c_i,d_i)=1\right\}.$$

数学上一般用 $|S|$ 表示集合 S 的基数(即所含元素个数). 由于集合 $S_1,\cdots,S_k$ 两两不相交(即当 $1\leqslant i<j\leqslant k$ 时，$S_i\cap S_j=\varnothing$)(参看第3章习题3.5)，我们有

$$\begin{aligned} n &= \left|\left\{\frac{m}{n}:\ m=1,\cdots,n\right\}\right| \\ &= |S_1\cup\cdots\cup S_k| \\ &= |S_1|+\cdots+|S_k| \\ &= \varphi(d_1)+\cdots+\varphi(d_k) \\ &= \sum_{d\mid n}\varphi(d). \end{aligned}$$

例如：

$$\left\{\frac{1}{6},\cdots,\frac{6}{6}\right\}=\left\{\frac{1}{1}\right\}\cup\left\{\frac{1}{2}\right\}\cup\left\{\frac{1}{3},\frac{2}{3}\right\}\cup\left\{\frac{1}{6},\frac{5}{6}\right\}，故$$

$$6=\varphi(1)+\varphi(2)+\varphi(3)+\varphi(6)=\sum_{d\mid 6}\varphi(d).$$

阅 读

1999 年，Ford 运用关于哥德巴赫猜想的陈景润定理证明了下述希尔宾斯基(Sierpinski，1822—1969)猜想：对每个大于 1 的整数 m，都有正整数 n 使得方程 $\varphi(x)=n$ 恰有 m 个解. 卡迈查尔(Carmichael，1879—1967)猜想：对任何 $n\in\mathbf{Z}^+$，方程 $\varphi(x)=n$ 绝不会有唯一解，这个难题仍未解决.

莱默尔(Lehmer，1905—1991)猜想：当 n 为合数时，$\varphi(n)\nmid n-1$，这也是个困难的未解决的问题.

当 $a\in\mathbf{Z}$ 与 $m\in\mathbf{Z}^+$ 互素时，同余方程 $ax\equiv1\pmod{m}$ 有唯一解(由第5章定理5.3)，下述定理表明事实上其解为 $x\equiv a^{\varphi(m)-1}\pmod{m}$.

定理 6.2(欧拉定理)　设 m 为正整数，则对任何与 m 互素的整数 a 都有

$$a^{\varphi(m)} \equiv 1 \pmod{m}.$$

证明　设 $a_1, \cdots, a_{\varphi(m)}$ 构成模 m 的一个缩系. 由于 a 与 m 互素, $aa_1, \cdots, aa_{\varphi(m)}$ 都与 m 互素(参看第3章定理3.5);当 $1 \leqslant i, j \leqslant \varphi(m)$ 时

$$aa_i \equiv aa_j \pmod{m} \Leftrightarrow m \mid a(a_i - a_j) \Leftrightarrow m \mid a_i - a_j \Leftrightarrow i = j.$$

因此 $aa_1, \cdots, aa_{\varphi(m)}$ 也构成模 m 的缩系,从而

$$\prod_{i=1}^{\varphi(m)} (aa_i) \equiv \prod_{\substack{r=1 \\ (r,m)=1}}^{m} r \equiv \prod_{i=1}^{\varphi(m)} a_i \pmod{m}.$$

既然 $m \mid a_1 \cdot \cdots \cdot a_{\varphi(m)}(a^{\varphi(m)} - 1)$,而且 $(a_1 \cdot \cdots \cdot a_{\varphi(m)}, m) = 1$(由第3章定理3.5),我们有 $m \mid a^{\varphi(m)} - 1$,此即 $a^{\varphi(m)} \equiv 1 \pmod{m}$.

例如: $\varphi(9) = 3(3-1) = 6$,从而当 $a \in \mathbf{Z}$ 不被3整除(即与9互素)时 $a^6 \equiv 1 \pmod{9}$.

阅　读

图6.1

欧拉(图6.1),瑞士人,18世纪数学巨星. 年轻时他非凡的数学才能受到数学家贝努利(J. Bernoulli,1667—1748)的赏识,20岁时,他的一篇论文获巴黎科学院大奖,26岁时他在俄国被选为科学院院士. 欧拉勤奋一生,在数论、微积分学、力学等许多领域有着卓越的贡献. 在数论上,他证明了费马断言的许多命题,发现了重要的欧拉定理与二次互反律. 数学中许多标准的记号来自于欧拉,如用 π 表示圆周率、用 $\sum$ 表示求和、用 $f(x)$ 表示函数等.

由于连续数日计算彗星轨道,他在29岁时右眼失明; 59岁时左眼也因过度劳累而失明. 双目失明后,他仍以顽强的拼搏精神与罕见的心算能力发表了四百多篇论文与好几本书. 欧拉一生写出了856篇论文与31本专著,欧拉全集出齐需要72卷. 数学中以欧拉命名的定理、公式、方程很多,数学界公认欧拉为“数学家之英雄”.

设 $a \in \mathbf{Z}$ 与 $m \in \mathbf{Z}^+$ 互素,使 $a^d \equiv 1 \pmod{m}$ 的最小正整数 d 叫作 **a 模 m 的阶**(或**次数**). 对于 $n \in \mathbf{N}$,我们有 $a^n \equiv 1 \pmod{m} \Leftrightarrow d \mid n$;特别地, $d \mid \varphi(m)$. 事实上,作带余除法 $n = dq + r$,这里 $q, r \in \mathbf{Z}$ 且 $0 \leqslant r < d$,则

$$a^n \equiv (a^d)^q a^r = a^r \pmod{m},$$

从而

$$a^n \equiv 1 \pmod{m} \Leftrightarrow a^r \equiv 1 \pmod{m} \Leftrightarrow r=0 \Leftrightarrow d \mid n.$$

例如：2 模 5 的阶为 $\varphi(5)=4$ 而且 2 模 7 的阶为 3(小于 $\varphi(7)=6$).

欧拉定理推广了下述近代数论史上的第一个重要结果.

推论 6.1（费马小定理） 设 p 为素数，则对任何 $a \in \mathbf{Z}$ 恒有

$$a^p \equiv a \pmod{p}.$$

换句话说，当 $p \nmid a$ 时

$$a^{p-1} \equiv 1 \pmod{p}.$$

证明 当 $p \mid a$ 时显然 $a^p - a = a(a^{p-1}-1) \equiv 0 \pmod{p}$.

假设 $p \nmid a$，则 $(a,\ p) \neq p$，从而 $(a,\ p)=1$（因为 p 为素数）. 应用欧拉定理得

$$a^{p-1} = a^{\varphi(p)} \equiv 1 \pmod{p}.$$

另一种证法：当 $a^p \equiv a \pmod{p}$ 时 $(-a)^p \equiv (-1)^p a \equiv -a \pmod{p}$，故只需对 $n \in \mathbf{N}$ 证明 $n^p \equiv n \pmod{p}$.

显然 $0^p = 0 \pmod{p}$. 如果 $n \in \mathbf{N}$ 且 $n^p \equiv n \pmod{p}$，则

$$(n+1)^p = n^p + \sum_{k=1}^{p-1} \binom{p}{k} n^k + 1 \quad \text{（由牛顿二项式定理）}$$

$$\equiv n^p + 1 \equiv n+1 \pmod{p} \quad \text{（由第 2 章例 2.5(1)及归纳假设）}.$$

这就归纳证明了对 $n=0,\ 1,\ 2,\ \cdots$ 都有 $n^p \equiv n \pmod{p}$.

阅　读

费马小定理的逆命题不成立. 如果 n 为合数且对任何与 n 互素的整数 a 都有 $a^{n-1} \equiv 1 \pmod{n}$，则称 n 为**绝对伪素数**（或者 **Carmichael 伪素数**）. 已知合数 n 为绝对伪素数当且仅当 n 无平方因子且对 n 的素因子 p 恒有 $p-1 \mid n-1$. 561 是最小的绝对伪素数. 1994 年，Alford，Granville 与 Pomerance 证明了有无穷多个绝对伪素数.

如果 p 为素数，则依费马小定理知

$$1^{p-1} + 2^{p-1} + \cdots + (p-1)^{p-1} \equiv \underbrace{1+1+\cdots+1}_{p-1\text{个}} \equiv -1 \pmod{p}.$$

1943 年，居加(Giuga)提出下述猜想：如果整数 $n>1$ 适合

$$1^{n-1} + 2^{n-1} + \cdots + (n-1)^{n-1} \equiv -1 \pmod{n},$$

则 n 必为素数. 这一猜想尚未解决，但已验证到 $10^{13\,800}$. 如果合数 n 是居加猜想的反例，则 n 必为绝对伪素数且它的素因子的倒数和与 $\frac{1}{n}$ 相差一个整数.

例 6.5　求 $2^{2\,003}$ 被 37 除所得的最小非负剩余.

解　37 是素数,由费马小定理知 $2^{36}\equiv 1 \pmod{37}$. 作带余除法 $2\,003=55\times 36+23$,于是

$$2^{2\,003}=(2^{36})^{55}\times 2^{23}\equiv 2^{23}=(2^5)^4\times 2^3\equiv(-5)^4\times 8=5^3\times 40$$
$$\equiv 5^3\times 3=25\times 15\equiv -12\times 15=-36\times 5\equiv 5 \pmod{37}.$$

因此 $2^{2\,003}$ 模 37 余 5.

例 6.6　设 p 为素数, $a\in\mathbf{Z}$ 且 $a\not\equiv 1 \pmod p$. 则 $\dfrac{a^p-1}{a-1}$ 的素因子模 p 余 1.(这是第 4 章推论 4.1(2)的推广)

证明　设 q 是 $\dfrac{a^p-1}{a-1}$ 的素因子. 如果 $a\equiv 1 \pmod q$,则

$$p\equiv a^{p-1}+\cdots+a+1=\frac{a^p-1}{a-1}\equiv 0 \pmod q,$$

于是 $q=p$,这与 $a\not\equiv 1 \pmod p$ 矛盾. 因此 a 模 q 的阶 d 大于 1. 由于 $a^p\equiv 1 \pmod q$,必定 $d\mid p$. 而 p 为素数,故必 $d=p$. 依费马小定理, $a^{q-1}\equiv 1 \pmod q$,因此 $p=d$ 整除 $q-1$,即 $q\equiv 1 \pmod p$.

阅　读

RSA 公钥体制　出于实用与安全考虑. 军方(或厂商)希望有一种公开的加密方法(称为“公钥”)使任何用户都可用它把有关信息进行加密后传输给军方,而军方可根据它不公开的“私钥”将发送来的密文解密成通常的明文. 1978 年,Rivest, Shamir 与 Adleman 基于欧拉定理提出了既实用又安全可靠的 RSA 公钥密码体制.

具体做法如下:军方先秘密地选择两个不同的大素数 p 与 q(一般要求大于 2^{128}),计算出 $m=pq$ 的欧拉函数值 $\varphi(m)=(p-1)(q-1)$. 再选取整数 c,使得 $1<c<\varphi(m)$ 且 $(c,\ \varphi(m))=1$. 利用辗转相除法求得一组整数 x 与 y 使得 $cx+\varphi(m)y=1$, x 模 $\varphi(m)$ 的余数 d 适合 $1<d<\varphi(m)$ 与 $cd\equiv 1 \pmod{\varphi(m)}$. 然后将 c 与 m 公开作为加密密钥,d 严格保密作为解密密钥.

用户将欲发送的信息对应于一个小于 m 的自然数代码 a,然后计算出 a^c 模 m 的余数 a_*,并将它发送给军方,这便是公开的加密方法. 军方可用“私钥”d 将用户发来的信息 a_* 解密还原成 a,其依据为

$$a_*^d\equiv(a^c)^d=a^{cd}\equiv a \pmod m.$$

(注意:当 $p\mid a$ 或者 $q\mid a$ 时, p 与 q 也都整除 $a^{cd}-a$)

尽管 m 可能很大,但使用计算机按上述原理进行加密、解密并不困难. 敌方要

破译密码就得找出关键的数据 d，从而需要知道 $\varphi(m)$ 是多少；然而要将大整数 m 分解成素数的乘积(从而定出 $\varphi(m)$)在实践上相当困难，而且耗时一般超过设置的安全期限.(使用已知的最快的分解方法来分解一个 100 位数，计算机也得运行好多年.)

RSA 公钥体制原理非常简单，所用数学知识也不算多. 由于数学家们难以找出分解大整数的快速算法(也许这种所谓的快速算法不存在)，RSA 公钥体制显得非常实用. 由于这项杰出贡献，Rivest，Shamir 与 Adleman 在 2003 年被授予计算机界最高奖——图灵(Turing)奖.

定理 6.3(威尔逊(Wilson)定理)　设 $p>1$ 为整数，则

$$p \text{ 是素数} \Leftrightarrow (p-1)! \equiv -1 \pmod p.$$

证明　$\Leftarrow$：设 $(p-1)! \equiv -1 \pmod p$. 如果某个 $d\in\{1, \cdots, p-1\}$ 整除 p，则 $d \mid (p-1)!+1$，从而 $d\mid 1$. 因此 p 没有真因子，即 p 为素数.

$\Rightarrow$：根据第 5 章定理 5.3(2)，对每个 $a\in\{1, \cdots, p-1\}$ 有唯一的 $a^*\in\{1, \cdots, p-1\}$ 使得 $aa^*\equiv 1 \pmod p$. 显然 $(a^*)^*=a$，我们称 a 与 a^* 为一对模 p 互逆元. 注意

$$\begin{aligned} a^*=a &\Leftrightarrow a^2\equiv 1 \pmod p \\ &\Leftrightarrow p\mid (a-1)(a+1) \\ &\Leftrightarrow p\mid a-1 \text{ 或 } p\mid a+1 \\ &\Leftrightarrow a\in\{1, p-1\}. \end{aligned}$$

除开 1 与 $p-1$，从 2 到 $p-2$ 这 $p-3$ 个数可匹配成 $\frac{p-3}{2}$ 对模 p 互逆元 a_i 与 a_i^* $\left(1\leqslant i\leqslant\frac{p-3}{2}\right)$. 因此

$$(p-1)! = 1\times(p-1)\times\prod_{i=1}^{\frac{p-3}{2}} a_ia_i^* \equiv -1\times\prod_{i=1}^{\frac{p-3}{2}} 1 = -1 \pmod p.$$

由上，定理 6.3 得证.

威尔逊定理给出了 p 为素数的充分必要条件，它有理论意义但无实用价值. 例如，若用它来判别 97 是否为素数就得计算 $96!$ 模 97 的余数.

推论 6.2　对于奇素数 p，我们有

$$\left(\frac{p-1}{2}!\right)^2 \equiv (-1)^{\frac{p+1}{2}} \pmod p.$$

证明 易见

$$\begin{aligned}(p-1)! &= \prod_{r=1}^{\frac{p-1}{2}} r \times \prod_{s=\frac{p+1}{2}}^{p-1} s = \prod_{r=1}^{\frac{p-1}{2}} r \times \prod_{r=1}^{\frac{p-1}{2}} (p-r) \\ &\equiv \prod_{r=1}^{\frac{p-1}{2}} r(-r) \\ &= (-1)^{\frac{p-1}{2}}\left(\frac{p-1}{2}!\right)^2 \pmod p,\end{aligned}$$

应用威尔逊定理便得

$$\left(\frac{p-1}{2}!\right)^2 \equiv (p-1)!\ (-1)^{\frac{p-1}{2}} \equiv -(-1)^{\frac{p-1}{2}} = (-1)^{\frac{p+1}{2}} \pmod p.$$

对于素数 $p\equiv 1 \pmod 4$，推论 6.2 表明同余式 $x^2\equiv -1 \pmod p$ 有解 $x\equiv \pm\frac{p-1}{2}! \pmod p$. 例如：$x^2=-1 \pmod 5$ 有解 $x\equiv \pm\frac{5-1}{2}! = \pm 2 \pmod 5$，$x^2\equiv -1 \pmod{13}$ 有解 $x=\pm\frac{13-1}{2}!\equiv \pm 5 \pmod{13}$.

定理 6.4(费马猜出，欧拉证明) 奇素数 p 可表示成两个整数的平方和当且仅当 $p\equiv 1 \pmod 4$.

证明 设 $p=x^2+y^2$，这里 $x, y\in \mathbf{Z}$. 由于 p 为奇数，x 与 y 的奇偶性不同，而偶数的平方模 4 余 0，奇数的平方模 4 余 1，故 $p=x^2+y^2\equiv 0+1=1 \pmod 4$.

再证另一方向. 假设 $p\equiv 1 \pmod 4$，让 $q=\frac{p-1}{2}!$，由推论 6.2 知

$$q^2\equiv (-1)^{\frac{p+1}{2}} = -1 \pmod p.$$

由于 $(\lfloor\sqrt{p}\rfloor+1)^2 > (\sqrt{p})^2 = p = |\mathbf{Z}_p|$，下述 $(\lfloor\sqrt{p}\rfloor+1)^2$ 个整数

$$x+qy \quad (x, y=0, 1, \cdots, \lfloor\sqrt{p}\rfloor)$$

中必有两个(设为 x_1+qy_1 与 x_2+qy_2，这里 $x_1\neq x_2$ 或者 $y_1\neq y_2$)模 p 同余. 由于 $x_1+qy_1\equiv x_2+qy_2 \pmod p$，我们有

$$x_1-x_2\equiv q(y_2-y_1) \pmod p,$$

于是

$$(x_1-x_2)^2 \equiv q^2(y_1-y_2)^2 \equiv -(y_1-y_2)^2 \pmod p.$$

令 $x=|x_1-x_2|$, $y=|y_1-y_2|$,则 x, y 不全为 0 又都小于$\sqrt{p}$(注意$\sqrt{p}\notin \mathbf{Z}$). 由于 $p \mid x^2+y^2$,而且

$$0<x^2+y^2<(\sqrt{p})^2+(\sqrt{p})^2=2p,$$

必定有 $x^2+y^2=p$.

综上,定理 6.4 得证.

例 6.7 将 100 以内的 $4n+1(n\in\mathbf{N})$ 形素数表示成整数的平方和.

解

$$5=2^2+1^2,\ 13=3^2+2^2,\ 17=4^2+1^2,$$
$$29=5^2+2^2,\ 37=6^2+1^2,\ 41=5^2+4^2,$$
$$53=7^2+2^2,\ 61=6^2+5^2,\ 73=8^2+3^2,$$
$$89=8^2+5^2,\ 97=9^2+4^2.$$

推论 6.3 假设正整数 m 没有 $4n+3(n\in\mathbf{N})$ 形素因子,则 m 可表示成两个整数的平方和.

证明 显然 $1=1^2+0^2$ 且 $2=1^2+1^2$. m 的奇素因子模 4 余 1,从而可表示成两个整数的平方和. 由于 m 可分解成素数的乘积,我们只需再证集合 $S=\{x^2+y^2: x, y\in\mathbf{Z}\}$ 对乘法封闭,即 $s_1, s_2\in S \Rightarrow s_1s_2\in S$.

设 $s_1=a^2+b^2$, $s_2=c^2+d^2$,这里 $a, b, c, d\in\mathbf{Z}$. 则

$$\begin{aligned} s_1s_2 &= (a^2+b^2)(c^2+d^2) \\ &= a^2c^2+a^2d^2+b^2c^2+b^2d^2 \\ &= a^2c^2-2acbd+b^2d^2+(a^2d^2+2adbc+b^2c^2) \\ &= (ac-bd)^2+(ad+bc)^2\in S. \end{aligned}$$

证毕.

注意模 4 余 1 的合数未必能表示为两个整数的平方和, $21=3\times 7$ 就是这样的例子.

是否有无穷多个 $x^2+1(x\in\mathbf{Z})$ 形素数是个著名的数论难题. 1995 年,Friedlander 与 Iwaniec 突破性地证明了有无穷多个素数可表示成 $x^2+y^4(x, y\in\mathbf{Z})$ 的形式. 勒让德(Legendre,1752—1833)与高斯的一个定理断言: $n\in\mathbf{N}$ 是三个整数的平方和当且仅当 n 不形如 $4^k(8l+7)(k, l\in\mathbf{N})$. 1770 年,拉格朗日在欧拉工作的基础上证明了每个自然数都可表示成四个整数的平方和.

阅 读

素数同余式简史 1640 年 10 月 18 日，费马在给朋友的一封信中提出了现在所说的费马小定理，这是近代数论史上第一个基本结果. 1736 年，欧拉引入了欧拉函数 φ 并证明了费马小定理的推广形式——欧拉定理. 1770 年，威尔逊发现当 $p>1$ 为素数时 $(p-1)!+1$ 被 p 整除；拉格朗日在 1771 年给出了严格证明并注意到反方向也成立. 高斯在其名著《算术探索》(1801 年出版) 中首次引入同余记号，他还把威尔逊定理推广如下：对于正整数 m

$$\prod_{\substack{a=1\\(a,\ m)=1}}^{m} a \equiv \begin{cases} -1 \pmod m & m=4 \text{ 或 } p^{\alpha} \text{ 或 } 2p^{\alpha}(\text{其中 } p \text{ 为奇素数}, \alpha\in\mathbf{N})\text{时}, \\ 1 \pmod m & \text{此外}. \end{cases}$$

Wolstenholme 在 1862 年证明：当 $p>3$ 为素数时

$$\binom{2p-1}{p-1} \equiv 1 \pmod{p^3}.$$

反方向是否成立尚未解决(但已知 10^9 以内没有反例). 还有许多其他类型的素数同余式，例如编者在 1988 年证明了 p 为奇素数时

$$\sum_{k=1}^{\frac{p-1}{2}} \frac{3^k}{k} \equiv \sum_{0<k<\frac{p}{6}} \frac{(-1)^k}{k} \pmod p.$$

这里 $\frac{1}{k}$ 指适合 $kx\equiv 1 \pmod p$ 的最小正整数 x.

习 题 6

6.1 任给有穷整数序列 $a_1, \cdots, a_m$，其中必有若干个相继项之和是 m 的倍数，即有 $0\leqslant i<j\leqslant m$ 使得 $a_{i+1}+\cdots+a_j\equiv 0 \pmod m$.

6.2 设 m 与 n 为互素的正整数，$\{x_1, \cdots, x_m\}$ 与 $\{y_1, \cdots, y_n\}$ 分别是模 m、模 n 的完全系. 证明：$\{nx_i+my_j: 1\leqslant i\leqslant m, 1\leqslant j\leqslant n\}$ 是模 mn 的完全系.

6.3 计算 $\varphi(7!)$.

6.4 设 m 为正整数，证明

$$\varphi(m)=2 \Leftrightarrow m\in\{3, 4, 6\},$$
$$\varphi(m)=4 \Leftrightarrow m\in\{5, 8, 10, 12\}.$$

6.5 设 m 与 n 为正整数且 $n\mid m$. 对于 $a, b\in\mathbf{Z}$，如果 $a\equiv b \pmod m$ 则 $a^n\equiv b^n \pmod{mn}$. 由此说明：当 p 为素数时由 $a^{p-1}\equiv 1 \pmod p$ 可得 $a^{\varphi(p^{\alpha})}\equiv 1 \pmod{p^{\alpha}}$，

这里 α 为任一个正整数.

6.6 设 p 为素数，如果 $a\in\mathbf{Z}$ 不被 p 整除，则称 $q_p(a)=\dfrac{a^{p-1}-1}{p}\in\mathbf{Z}$ 为费马商. 证明：当 $a,\ b\in\mathbf{Z}$ 都不被 p 整除时 $q_p(ab)\equiv q_p(a)+q_p(b)\pmod{p}$.

6.7 证明：对任何 $a\in\mathbf{Z}$，都有 $a^9\equiv a^3\pmod{504}$.

6.8 证明：561 为绝对伪素数，即当整数 a 与 561 互素时必有 $a^{560}\equiv 1\pmod{561}$.

6.9 设整数 a 与正整数 m 互素，如果 a 模 m 的阶为 h，则当 $k\in\mathbf{N}$ 时 a^k 模 m 的阶为 $\dfrac{h}{(h,\ k)}$.

* 第 7 章　二次剩余理论及其应用

定义 7.1　设 k, m 为正整数, $a\in\mathbf{Z}$ 且 $(a, m)=1$. 如果存在 $x\in\mathbf{Z}$ 使得 $x^k\equiv a \pmod{m}$,就说 a 是模 m 的 k **次剩余**,否则就说 a 是模 m 的 k **次非剩余**.

例如: 2 是模 7 的平方剩余(即二次剩余),因为 $3^2\equiv 2 \pmod{7}$; 2 不是模 7 的立方剩余(即三次剩余),因为当 $q\in\mathbf{Z}$ 时, $(7q\pm1)^3\equiv(7q\pm2)^3\equiv\pm1\not\equiv 2 \pmod{7}$, 而且 $(7q\pm3)^2=\pm27\equiv\mp1\not\equiv 2 \pmod{7}$.

定理 7.1　设 k 与 m 为正整数.

(1) 整数 a 是模 m 的 k 次剩余当且仅当它是模 m 的 $(k, \varphi(m))$ 次剩余.

(2) 假设整数 a 与 b 都是模 m 的 k 次剩余,则 ab 也是,而且适合 $ax\equiv b \pmod{m}$ 的整数 x 也是.

(3) 模 m 的一个 k 次剩余与模 m 的一个 k 次非剩余之积是模 m 的 k 次非剩余.

(4) 当 $m=p_1^{\alpha_1}\cdot\cdots\cdot p_r^{\alpha_r}$ (其中 p_1, $\cdots$, p_r 为不同素数,且 α_1, $\cdots$, $\alpha_r\in\mathbf{N}$) 时, $a\in\mathbf{Z}$ 是模 m 的 k 次剩余当且仅当 a 是模每个 $p_i^{\alpha_i}(i=1, \cdots, r)$ 的 k 次剩余.

证明　(1) 记 $d=(k, \varphi(m))$. 如果 $x^k\equiv a \pmod{m}$,则

$$(x^{\frac{k}{d}})^d=x^k\equiv a \pmod{m}.$$

因此模 m 的 k 次剩余也是模 m 的 d 次剩余.

假设 $a\in\mathbf{Z}$ 是模 m 的 d 次剩余,则 $(a, m)=1$ 且有 $x\in\mathbf{Z}$ 适合 $x^d\equiv a \pmod{m}$. 由于 $(x^d, m)=(a, m)=1$, x 与 m 互素. 根据第 5 章定理 5.3,有正整数 y 使得 $ky\equiv d \pmod{\varphi(m)}$. 于是利用欧拉定理可得

$$(x^y)^k=x^{ky}\equiv x^d\equiv a \pmod{m},$$

这就说明了 a 是模 m 的 k 次剩余.

(2) 由于 $(a, m)=(b, m)=1$, ab 与 m 互素,且有 $x\in\mathbf{Z}$ 适合 $ax\equiv b \pmod{m}$.

注意：$(x, m)=(ax, m)=(b, m)=1$.

假设 $s^k\equiv a \pmod m$，$t^k\equiv b \pmod m$，这里 $s, t\in\mathbf{Z}$. 则

$$(st)^k=s^kt^k\equiv ab \pmod m,$$

于是 ab 为模 m 的 k 次剩余. 由于 $(s, m)=1$，有 $y\in\mathbf{Z}$ 使得 $sy\equiv t \pmod m$. 既然

$$ax\equiv b\equiv t^k\equiv (sy)^k\equiv ay^k \pmod m,$$

利用 $(a, m)=1$ 可得 $x\equiv y^k \pmod m$. 因此 x 也是模 m 的 k 次剩余.

(3) 设 $a, b\in\mathbf{Z}$. 如果 a 与 ab 都是模 m 的 k 次剩余，则由(2)知 b 也是模 m 的 k 次剩余. 因此，当 a 与 b 分别是模 m 的 k 次剩余与 k 次非剩余时，ab 必为模 m 的 k 次非剩余.

(4) 由第3章定理3.5，a 与每个 $p_i^{\alpha_i}(i=1, \cdots, r)$ 都互素当且仅当 a 与 $m=p_1^{\alpha_1}\cdot\cdots\cdot p_r^{\alpha_r}$ 互素. 现在应用第5章推论5.1于多项式 $P(x)=x^k-a$ 立得欲证.

综上，定理7.1得证.

已知模素数 p 的 k 次非剩余存在当且仅当 $(k, p-1)>1$，估计模素数 p 的最小的正的 k 次非剩余是数论中著名课题之一.

下述定理及其简洁证明是编者在大学时代发现的，它优于华罗庚《数论导引》第七章中定理5及其证明.

定理7.2 设 p 为素数，k 为正整数，且 $n_k(p)$ 是模 p 的 k 次非剩余中最小的正整数. 则

$$n_k(p)<\sqrt{p}+\frac{1}{2}.$$

证明 显然模 p 的 k 次非剩余加上 p 的整数倍也是模 p 的 k 次非剩余. 由 $n_k(p)$ 的定义知 $1<n_k(p)<p$. 令

$$n=\begin{cases}n_k(p) & \text{当}-1\text{是模}p\text{的}k\text{次剩余时},\\ n_k(p)-1 & \text{当}-1\text{是模}p\text{的}k\text{次非剩余时}.\end{cases}$$

则 -1 与 n 之一是模 p 的 k 次剩余，另一个是模 p 的 k 次非剩余. 因此利用定理7.1可得 $-n$ 为模 p 的 k 次非剩余.

对于 $i\in\{1, \cdots, n_k(p)-1\}$，$i$ 是模 p 的 k 次剩余，$p+i(-n)$ 是模 p 的 k 次非剩余，于是

$$p-in>0\Rightarrow p-in\geqslant n_k(p)\geqslant n\Rightarrow p-(i+1)n>0.$$

(注意 $1<i+1\leqslant n_k(p)<p$，从而 $i+1$ 不整除素数 p). 因此

$$p-n>0\Rightarrow p-2n>0\Rightarrow\cdots\Rightarrow p-n_k(p)n>0.$$

由于确有 $p-n>0$，我们便有

$$p>n_k(p)n\geqslant n_k(p)(n_k(p)-1),$$

于是

$$p>n_k^2(p)-n_k(p)+\frac{1}{4}=\left(n_k(p)-\frac{1}{2}\right)^2,$$

从而定理得证.

与一般的 k 次剩余相比，平方剩余有其特殊性.

定理 7.3 设 p 为奇素数.

(1) 对每个正整数 α，整数 a 是模 p^α 的平方剩余当且仅当 a 是模 p 的平方剩余.

(2) 模 p 的一个缩系中平方剩余与平方非剩余各有 $\frac{p-1}{2}$ 个.

(3) 模 p 的两个平方非剩余之积是模 p 的平方剩余.

证明 (1) 设 $a\in\mathbf{Z}$ 不被 p 整除. 任给正整数 n，我们来说明 $x^2\equiv a \pmod{p^n}$ 有解当且仅当 $x^2\equiv a \pmod{p^{n+1}}$ 有解. 如果 $x\in\mathbf{Z}$ 适合 $x^2\equiv a \pmod{p^{n+1}}$，则当然有 $x^2\equiv a \pmod{p^n}$. 假如 $x_0\in\mathbf{Z}$ 且 $x_0^2\equiv a \pmod{p^n}$. 由于 $(p, 2x_0)=1$ 有 $y\in\mathbf{Z}$ 使得

$$(2x_0)y\equiv\frac{a-x_0^2}{p^n} \pmod{p},$$

于是

$$\begin{aligned}(x_0+p^ny)^2&=x_0^2+2p^nx_0y+p^{2n}y^2\\&\equiv a+p^n\left(2x_0y-\frac{a-x_0^2}{p^n}\right)\\&\equiv a \pmod{p^{n+1}}.\end{aligned}$$

由上知，对每个 $\alpha\in\mathbf{Z}^+$，都有

$$\begin{aligned}a\text{ 为模 }p\text{ 的平方剩余}&\Leftrightarrow a\text{ 为模 }p^2\text{ 的平方剩余}\\&\ \ \vdots\\&\Leftrightarrow a\text{ 为模 }p^\alpha\text{ 的平方剩余}.\end{aligned}$$

(2) 记 $q=\frac{p-1}{2}$. 注意 $\{\pm1, \pm2, \cdots, \pm q\}$ 是模 p 的一个缩系，因此当 a 为模 p 的平方剩余时，有 $r\in\{1, 2, \cdots, q\}$ 使得

$$a\equiv(\pm r)^2=r^2 \pmod{p}.$$

当 $1\leqslant t<s\leqslant q$ 时，$1\leqslant s\pm t\leqslant p-1$，从而 $p\nmid s^2-t^2$. 因此 $1^2, 2^2, \cdots, q^2$ 模 p 两两不同余. 依上，$1, 2, \cdots, p-1$ 中只有 $1^2, 2^2, \cdots, q^2$ 模 p 的 q 个不同余数为模 p 的平方剩余，其余的 q 个为模 p 的平方非剩余. 这就表明模 p 的缩系中平方剩余与平方非剩余各占一半.

(3) 设 a 与 b 为模 p 的平方非剩余，则

$$a1^2,\ a2^2,\ \cdots,\ aq^2,\ ab$$

模 p 两两不同余，而且前 q 个为模 p 的平方非剩余（由定理 7.1(3)）. 由于模 p 的一个缩系中平方非剩余只有 q 个，ab 必不为模 p 的平方非剩余从而是模 p 的平方剩余.

综上，定理得证.

定义 7.2　整数 a 对奇素数 p 的勒让德符号 $\left(\frac{a}{p}\right)$ 如下给出：

$$\left(\frac{a}{p}\right)=\begin{cases}1 & \text{当 } a \text{ 是模 } p \text{ 的平方剩余时,}\\ 0 & \text{当 } a \text{ 被 } p \text{ 整除时,}\\ -1 & \text{当 } a \text{ 是模 } p \text{ 的平方非剩余时.}\end{cases}$$

设 p 为奇素数，a 与 b 为整数. 对 p 的勒让德符号有下述基本性质：

(1) $a\equiv b \pmod p \Rightarrow \left(\frac{a}{p}\right)=\left(\frac{b}{p}\right)$；

(2) $\left(\frac{ab}{p}\right)=\left(\frac{a}{p}\right)\left(\frac{b}{p}\right)$　（由定理 7.1(3) 及定理 7.3(3)）.

回忆一下，对有限集合 S 我们用 $|S|$ 表示 S 中不同元素的个数.

定理 7.4　设 p 为奇素数.

(1)（欧拉判别条件）对任何 $a\in\mathbf{Z}$ 都有

$$a^{\frac{p-1}{2}}\equiv\left(\frac{a}{p}\right) \pmod p.$$

(2)（高斯引理）整数 a 不被 p 整除时

$$\left(\frac{a}{p}\right)=(-1)^{\left|\left\{0<r<\frac{p}{2}:\ \left\{\frac{ar}{p}\right\}>\frac{1}{2}\right\}\right|}.$$

证明 (1)写 $p=2n+1$. 当 $p\mid a$ 时, $a^n\equiv 0=\left(\frac{a}{p}\right)\pmod p$.

设 $p\nmid a$. 由于 $1^2,\cdots,n^2$ 模 p 两两不同余, $a1^2,\cdots,an^2$ 模 p 也两两不同余.

如果$\left(\frac{a}{p}\right)=1$,则 $a1^2,\cdots,an^2$ 都是模 p 的平方剩余,于是 $\prod\limits_{r=1}^{n}(ar^2)\equiv\prod\limits_{r=1}^{n}r^2\pmod p$,即 $p\mid(n!)^2(a^n-1)$,因而 $p\mid a^n-1$.

假如$\left(\frac{a}{p}\right)=-1$,则 $a1^2,\cdots,an^2$ 都是模 p 的平方非剩余

$$\{1^2,\cdots,n^2;\ a1^2,\cdots,an^2\}$$

为模 p 的一个缩系. 于是利用威尔逊定理可得

$$\begin{aligned}a^n&\equiv a^n(p-1)!^2=\prod_{r=1}^{n}a(r(p-r))^2\\&\equiv\prod_{r=1}^{n}r^2(ar^2)\equiv\prod_{x=1}^{p-1}x=(p-1)!\ \equiv -1\pmod p.\end{aligned}$$

(2)设整数 a 不被 p 整除. 对于 $r\in\{1,\cdots,n\}$,依第3章推论3.1可写 $ar=pq_r+r_*$,这里 $q_r,r_*\in\mathbf{Z}$ 且$|r_*|\leqslant n$. 注意 $r_*\neq 0$(因为 $p\nmid ar$),而且

$$r_*>0\Rightarrow\left\{\frac{ar}{p}\right\}=\frac{r_*}{p}<\frac{1}{2},\ r_*<0\Rightarrow\left\{\frac{ar}{p}\right\}=\frac{p+r_*}{p}>\frac{1}{2}.$$

当 $1\leqslant r<r'\leqslant n$ 时, $1\leqslant r'\pm r\leqslant p-1$,从而 $r\not\equiv\pm r'\pmod p$,于是$|r_*|\neq|r'_*|$. 由上可见

$$\{1\leqslant r\leqslant n:\ r_*<0\}=\left\{0<r<\frac{p}{2}:\left\{\frac{ar}{p}\right\}>\frac{1}{2}\right\},$$

而且

$$\{|r_*|:r=1,\cdots,n\}=\{1,\cdots,n\}.$$

于是

$$\begin{aligned}\left(\frac{a}{p}\right)n!&\equiv a^n\prod_{r=1}^{n}r=\prod_{r=1}^{n}(ar)\equiv\prod_{r=1}^{n}r_*\\&=(-1)^{|\{1\leqslant r\leqslant n:\ r_*<0\}|}\prod_{r=1}^{n}|r_*|\\&\equiv(-1)^{|\{0<r<\frac{p}{2}:\ \{\frac{ar}{p}\}>\frac{1}{2}\}|}n!\pmod p,\end{aligned}$$

从而

$$\left(\frac{a}{p}\right)\equiv(-1)^{|\{0<r<\frac{p}{2}:\ \{\frac{ar}{p}\}>\frac{1}{2}\}|}\pmod p.$$

而

$$\left|\left(\frac{a}{p}\right)-(-1)^{\left|\left\{0<r<\frac{p}{2}:\left\{\frac{ar}{p}\right\}>\frac{1}{2}\right\}\right|}\right|\leqslant 2<p,$$

故高斯引理中等式成立.

我们证明欧拉判别条件时并未使用费马小定理,费马小定理弱于欧拉判别条件.

下述结果告诉我们 -1 是模哪些素数的平方剩余.

推论 7.1 对于奇素数 p,我们有

$$\left(\frac{-1}{p}\right)=(-1)^{\frac{p-1}{2}}=\begin{cases}1 & \text{当 } p\equiv 1 \pmod 4 \text{ 时},\\ -1 & \text{当 } p\equiv 3\equiv -1 \pmod 4 \text{ 时}.\end{cases}$$

证明 依欧拉判别条件,$(-1)^{\frac{p-1}{2}}\equiv\left(\frac{-1}{p}\right) \pmod p$. 而

$$\left|(-1)^{\frac{p-1}{2}}-\left(\frac{-1}{p}\right)\right|\leqslant 2<p,$$

故有 $(-1)^{\frac{p-1}{2}}=\left(\frac{-1}{p}\right)$. 显然

$$(-1)^{\frac{p-1}{2}}=1 \Leftrightarrow 2\left|\frac{p-1}{2}\right. \Leftrightarrow p\equiv 1 \pmod 4.$$

根据推论 7.1 知 -1 是模 $4n+1(n\in\mathbf{N})$ 形素数 5, 13, 17, …的平方剩余,也是模 $4n+3(n\in\mathbf{N})$ 形素数 3, 7, 11, …的平方非剩余.

例 7.1 证明奇下标的斐波那契数没有 $4n+3(n\in\mathbf{N})$ 形素因子.

证明 先证当 $n\in\mathbf{Z}^+$ 时 $F_n^2-F_{n-1}F_{n+1}=(-1)^{n-1}$(见第 1 章习题 1.7).

显然 $F_1^2-F_0F_2=1^2-0\times 1=(-1)^{1-1}$. 如果对某个 $n\geqslant 1$ 已有 $F_n^2-F_{n-1}F_{n+1}=(-1)^{n-1}$,则

$$\begin{aligned}F_{n+1}^2-F_nF_{n+2}&=F_{n+1}^2-F_n(F_n+F_{n+1})\\&=F_{n+1}(F_{n+1}-F_n)-F_n^2\\&=F_{n-1}F_{n+1}-F_n^2\\&=(-1)^n.\end{aligned}$$

设 p 为 F_{2k+1} 的奇素因子,这里 $k\in\mathbf{N}$. 由上知

$$F_{2k}^2-F_{2k-1}F_{2k+1}=(-1)^{2k-1}=-1,$$

从而 $F_{2k}^2\equiv -1 \pmod p$. 这表明 $\left(\frac{-1}{p}\right)=1$,于是由推论 7.1 知 $p\not\equiv 3 \pmod 4$.

证毕.

读者不难验证

$$F_1=1,\ F_3=2,\ F_5=5,\ F_7=13,\ F_9=2\times17,\ F_{11}=89$$

等确无 $4n+3(n\in\mathbf{N})$ 形素因子.

下述定理乃是初等数论之核心,这里给出的证明比已知的其他证明都初等、简单.

定理 7.5　设 p 与 q 为不同的奇素数.

(1)设 a 为正整数,而且 $p\equiv\pm q\pmod{4a}$(即 $p\equiv q$ 或 $-q\pmod{4a}$),则 $\left(\frac{a}{p}\right)=\left(\frac{a}{q}\right)$.

(2)(二次互反律)当 p 与 q 之一模 4 余 1 时,$\left(\frac{p}{q}\right)=\left(\frac{q}{p}\right)$;当 $p\equiv q\equiv3\pmod4$ 时,$\left(\frac{p}{q}\right)=-\left(\frac{q}{p}\right)$. 换句话说

$$\left(\frac{p}{q}\right)\left(\frac{q}{p}\right)=(-1)^{\frac{p-1}{2}\cdot\frac{q-1}{2}}.$$

证明　(1)如果 $p\mid a$,则 $p\mid q$,这与 q 为不同于 p 的素数矛盾. 因此 $p\nmid a$,同理 $q\nmid a$.

对于 $s=1,\cdots,a$,由于 $(2a,p)=1$ 且 $2a\nmid s$,$\frac{s}{2a}p$ 不是整数. 让

$$R_s=\left\{\frac{s}{2a}p<r<\frac{s+1}{2a}p:\ r\in\mathbf{Z},\ \left\{\frac{ar}{p}\right\}>\frac12\right\}\ (s=0,1,\cdots,a-1),$$

则 $R_0,R_1,\cdots,R_{a-1}$ 两两不相交而且它们的并集正好是

$$\left\{0<r<\frac{p}{2}:\ \left\{\frac{ar}{p}\right\}>\frac12\right\}$$

对于 $0\leqslant s\leqslant a-1$,显然

$$\begin{aligned}R_s&=\left\{r\in\mathbf{Z}:\ \frac{s}{2}<\frac{ar}{p}<\frac{s+1}{2}\text{且}\left\{\frac{ar}{p}\right\}>\frac12\right\}\\&=\begin{cases}\left\{r\in\mathbf{Z}:\ \frac{s}{2a}p<r<\frac{s+1}{2a}p\right\} & \text{当 }2\nmid s\text{ 时},\\ \varnothing & \text{当 }2\mid s\text{ 时}.\end{cases}\end{aligned}$$

因此

$$\left|\left\{0<r<\frac{p}{2}:\ \left\{\frac{ar}{p}\right\}>\frac{1}{2}\right\}\right|=\sum_{\substack{s=0\\2\nmid s}}^{a-1}\left|\left\{r\in\mathbf{Z}:\ \frac{s}{2a}p<r<\frac{s+1}{2a}p\right\}\right|.$$

同理

$$\left|\left\{0<r<\frac{q}{2}:\ \left\{\frac{ar}{q}\right\}>\frac{1}{2}\right\}\right|=\sum_{\substack{s=0\\2\nmid s}}^{a-1}\left|\left\{r\in\mathbf{Z}:\ \frac{s}{2a}q<r<\frac{s+1}{2a}q\right\}\right|.$$

不妨设 $p>q$，而且 $p=\varepsilon q+4at$，这里 $\varepsilon\in\{1,-1\}$ 且 $t\in\mathbf{Z}^+$. 任给 $s\in\{0,1,\cdots,a-1\}$，易见

$$\begin{aligned}&\left|\left\{r\in\mathbf{Z}:\ \frac{s}{2a}p<r<\frac{s+1}{2a}p\right\}\right|\\=&\left|\left\{r\in\mathbf{Z}:\ \frac{s}{2a}(\varepsilon q+4at)<r<\frac{s+1}{2a}(\varepsilon q+4at)\right\}\right|\\=&\left|\left\{r\in\mathbf{Z}:\ \varepsilon\frac{s}{2a}q<r-2st<\varepsilon\frac{s+1}{2a}q+2t\right\}\right|\\=&\left|\left\{x\in\mathbf{Z}:\ \varepsilon\frac{s}{2a}q<x<\varepsilon\frac{s+1}{2a}q+2t\right\}\right|,\end{aligned}$$

于是不论 ε 是 1 还是 -1 都有

$$\begin{aligned}&\left|\left\{r\in\mathbf{Z}:\ \frac{s}{2a}p<r<\frac{s+1}{2a}p\right\}\right|-\varepsilon\left|\left\{r\in\mathbf{Z}:\ \frac{s}{2a}q<r<\frac{s+1}{2a}q\right\}\right|\\=&\left|\left\{x\in\mathbf{Z}:\ \varepsilon\frac{s+1}{2a}q<x<\varepsilon\frac{s+1}{2a}q+2t\right\}\right|\\=&2t\equiv 0\ (\mathrm{mod}\ 2).\end{aligned}$$

（注意对任何实数 α，区间 $[\alpha,\ \alpha+1)$ 中有唯一的整数 x.）因此

$$\left|\left\{0<r<\frac{p}{2}:\ \left\{\frac{ar}{p}\right\}>\frac{1}{2}\right\}\right|\equiv\left|\left\{0<r<\frac{q}{2}:\ \left\{\frac{ar}{p}\right\}>\frac{1}{2}\right\}\right|\ (\mathrm{mod}\ 2),$$

从而由高斯引理可得 $\left(\frac{a}{p}\right)=\left(\frac{a}{q}\right)$.

(2)不妨设 $p>q$. 当 $p\not\equiv q\ (\mathrm{mod}\ 4)$ 时，$p+q\equiv 1+3\equiv 0\ (\mathrm{mod}\ 4)$，因此有 $\delta\in\{0,1\}$ 使得 $p+(-1)^{\delta}q$ 可表示成 $4a$ 的形式，这里 $a\in\mathbf{Z}$. 由(1)知 $\left(\frac{a}{p}\right)=\left(\frac{a}{q}\right)$，于是

$$\begin{aligned}\left(\frac{p}{q}\right)&=\left(\frac{4a-(-1)^{\delta}q}{q}\right)=\left(\frac{4a}{q}\right)=\left(\frac{a}{q}\right)=\left(\frac{a}{p}\right)=\left(\frac{4a}{p}\right)\\&=\left(\frac{p+(-1)^{\delta}q}{p}\right)=\left(\frac{-1}{p}\right)^{\delta}\left(\frac{q}{p}\right)=(-1)^{\frac{p-1}{2}\delta}\left(\frac{q}{p}\right).\end{aligned}$$

当$2 \nmid \frac{p-1}{2}$时，$p \equiv -1 \pmod 4$，于是$(-1)^{\delta} \equiv q \equiv (-1)^{\frac{q-1}{2}} \pmod 4$，从而$(-1)^{\delta} = (-1)^{\frac{q-1}{2}}$. 因此总有$\left(\frac{p}{q}\right) = (-1)^{\frac{p-1}{2} \cdot \frac{q-1}{2}}\left(\frac{q}{p}\right)$.

至此定理 7.5 证毕.

实际上，定理 7.5 中(1)与(2)是等价的. 欧拉在 1783 年就清楚地叙述出定理 7.5(1)，高斯在 1796 年给出了二次互反律的第一个严格证明.

推论 7.2　设 p 为奇素数.

(1)我们有

$$\left(\frac{2}{p}\right) = (-1)^{\frac{p^2-1}{8}} = \begin{cases} 1 & p \equiv \pm 1 \pmod 8 \text{时}, \\ -1 & p \equiv \pm 3 \pmod 8 \text{时}. \end{cases}$$

(2)对于 $p \neq 3$，有

$$\left(\frac{3}{p}\right) = \begin{cases} 1 & p \equiv \pm 1 \pmod{12} \text{时}, \\ -1 & p \equiv \pm 5 \pmod{12} \text{时}. \end{cases}$$

(3)对于 $p \neq 5$，有

$$\left(\frac{5}{p}\right) = \begin{cases} 1 & p \equiv \pm 1 \pmod 5 \text{时}, \\ -1 & p \equiv \pm 2 \pmod 5 \text{时}. \end{cases}$$

证明　(1)我们分两种情形进行讨论.

第一种情形：p 形如 $8k \pm 1$(其中 $k \in \mathbf{Z}$). 此时

$$\frac{p^2-1}{8} = \frac{(8k \pm 1)^2 - 1}{8} = 8k^2 \pm 2k \equiv 0 \pmod 2.$$

因 $p \equiv \mp 7 \pmod{4 \times 2}$，由定理 7.5(1)可得

$$\left(\frac{2}{p}\right) = \left(\frac{2}{7}\right) = \left(\frac{9}{7}\right) = \left(\frac{3}{7}\right)^2 = 1 = (-1)^{\frac{p^2-1}{8}}.$$

第二种情形：p 形如 $8k \pm 3$(其中 $k \in \mathbf{Z}$). 此时

$$\frac{p^2-1}{8} = \frac{(8k \pm 3)^2 - 1}{8} = 8k^2 \pm 6k + 1 \equiv 1 \pmod 2.$$

因 $p \equiv \pm 3 \pmod{4 \times 2}$，由定理 7.5(1)可得

$$\left(\frac{2}{p}\right) = \left(\frac{2}{3}\right) = \left(\frac{-1}{3}\right) = -1 = (-1)^{\frac{p^2-1}{8}}.$$

(2)如果 $p \equiv \pm 1 \pmod{12}$，则 $p \equiv \mp 11 \pmod{4 \times 3}$，从而

$$\left(\frac{3}{p}\right)=\left(\frac{3}{11}\right)=\left(\frac{36}{11}\right)=\left(\frac{6}{11}\right)^2=1.$$

如果 $p\equiv\pm5\pmod{12}$,则

$$\left(\frac{3}{p}\right)=\left(\frac{3}{5}\right)=\left(\frac{-2}{5}\right)=\left(\frac{-1}{5}\right)\left(\frac{2}{5}\right)=1\times(-1)=-1.$$

(3)显然$\frac{5-1}{2}=2$,且 1^2 和 2^2 分别与 1 和 -1 模 5 同余. 因此

$$p\equiv\pm1\pmod 5\Rightarrow\left(\frac{p}{5}\right)=1,$$

$$p\equiv\pm2\pmod 5\Rightarrow\left(\frac{p}{5}\right)=-1.$$

对 $p\neq5$,由二次互反律可得

$$\left(\frac{5}{p}\right)=(-1)^{\frac{5-1}{2}\cdot\frac{p-1}{2}}\left(\frac{p}{5}\right)=\left(\frac{p}{5}\right).$$

故得欲证.

例 7.2 证明 $8k+7(k\in\mathbf{N})$形素数有无穷多个.

证明 反设 $8k+7$ 形素数只有有限个,它们是 $p_1,\cdots,p_n$. 令 $N=(4p_1\cdot\cdots\cdot p_n)^2-2$,则$\frac{N}{2}=8p_1^2\cdot\cdots\cdot p_n^2-1$ 有奇素因子 $p\not\equiv1\pmod 8$. 由于$(4p_1\cdot\cdots\cdot p_n)^2\equiv 2\pmod p$,我们有$\left(\frac{2}{p}\right)=1$ 从而 $p\equiv\pm1\pmod 8$. 因此 $p\equiv-1\equiv7\pmod 8$. 又 $p\notin\{p_1,\cdots,p_n\}$,这与 $p_1,\cdots,p_n$ 全部为 $8k+7$ 形素数矛盾.

例 7.3 当 $n\in\mathbf{Z}^+$时, n^2+n-1 的因数的十进制表示中个位数必是 1, 5, 9 之一.

证明 $n^2+n-1=n(n+1)-1$ 为奇数. 设 p 为其奇素因子,则

$$n^2+n-1\equiv0\pmod p,$$

亦即

$$(2n+1)^2\equiv5\pmod p.$$

如果 $p\neq5$,则$\left(\frac{5}{p}\right)=1$,从而 $p\equiv\pm1\pmod{10}$(由推论 7.2). 当 a 和 b 与 1 或 5 或 9 模 10 同余时, ab 亦如此. 因此 n^2+n-1 的任一个因数的十进制表示中个位数都是 1, 5, 9 之一.

利用二次互反律及其补律(推论 7.1 与推论 7.2(1)),我们可方便地计算出任一个具体的勒让德符号. 具体办法如下: 设奇素数 p 不整除整数 a,利用推论 7.1、

推论 7.2(1) 以及 $|a|$ 的素数分解式可将 $\left(\frac{a}{p}\right)$ 归约到一些 $\left(\frac{q}{p}\right)$ 的计算，这里 q 为不同于 p 的素数. 如果 $q>p$，作带余除法 $q=pm+r$（这里 $0<r<p$ 或者 $|r|<\frac{p}{2}$），则 $\left(\frac{q}{p}\right)=\left(\frac{r}{p}\right)$；如果 $q<p$，则使用二次互反律可把计算 $\left(\frac{q}{p}\right)$ 转化为计算 $\left(\frac{p}{q}\right)$. 按此法进行下去，最后就可具体算出 $\left(\frac{a}{p}\right)$.

例 7.4 同余式 $x^2\equiv 79 \pmod{101}$ 是否有解？同余式 $x^2\equiv 79 \pmod{113}$ 是否有解？

解 $101<113<11^2=121$，而且 101 与 103 都不被 11 以内的素数 2，3，5，7 整除，故 101 与 113 都是素数（由第 2 章定理 2.1）.

下面来计算勒让德符号 $\left(\frac{79}{101}\right)$ 与 $\left(\frac{79}{113}\right)$：

$$\begin{aligned}
\left(\frac{79}{101}\right) &= (-1)^{\frac{79-1}{2}\cdot\frac{101-1}{2}}\left(\frac{101}{79}\right)=\left(\frac{101}{79}\right)=\left(\frac{22}{79}\right) \quad (\text{因为 } 101=1\times 79+22)\\
&=\left(\frac{2}{79}\right)\left(\frac{11}{79}\right)=\left(\frac{11}{79}\right) \quad (\text{因为 } 79=8\times 10-1)\\
&=(-1)^{\frac{11-1}{2}\cdot\frac{79-1}{2}}\left(\frac{79}{11}\right)=-\left(\frac{79}{11}\right)=-\left(\frac{2}{11}\right) \quad (\text{因为 } 79=7\times 11+2)\\
&=-(-1)=1 \quad (\text{因为 } 11=8\times 1+3).
\end{aligned}$$

故同余式 $x^2\equiv 79 \pmod{101}$ 有解（实际上 $33^2\equiv 79 \pmod{101}$）. 另一方面

$$\begin{aligned}
\left(\frac{79}{113}\right) &= \left(\frac{113}{79}\right)=\left(\frac{34}{79}\right)=\left(\frac{2}{79}\right)\left(\frac{17}{79}\right)=\left(\frac{17}{79}\right)=\left(\frac{79}{17}\right)=\left(\frac{11}{17}\right)=\left(\frac{17}{11}\right)\\
&=\left(\frac{6}{11}\right)=\left(\frac{2}{11}\right)\left(\frac{3}{11}\right)=-\left(\frac{3}{11}\right)=\left(\frac{11}{3}\right)=\left(\frac{-1}{3}\right)=-1.
\end{aligned}$$

因此同余式 $x^2\equiv 79 \pmod{113}$ 无解.

阅 读

二次互反律简史 欧拉在 1783 年清楚地叙述出这里的定理 7.5(1)，它是二次互反律的等价形式；1785 年，勒让德给出了一个有缺陷的证明. 1796 年，高斯首次用数学归纳法严格证明了二次互反律并称之为数论的黄金定律；他一生中先后发表了二次互反律的 6 种证法，高斯引理在他的第三个证明中出现. 1991 年，Rousseau 指出可利用中国剩余定理来导出二次互反律. 迄今已发表的二次互反律的证明有 200 多个，可参看网址 http://www.rzuser.uni-heidelberg.de/~hb3/rchrono.html. 本书中给出的证明可能是众多证明中最初等的一个.

下面我们给出二次剩余理论的几个重要应用.

定理 7.6 设 n 为正整数, F_n 表示费马数 $2^{2^n}+1$.

(1)(欧拉、卢卡斯) 当 $n>1$ 时, F_n 的素因子模 2^{n+2} 余 1.

(2)(Pepin,1877) F_n 为素数当且仅当 $3^{\frac{F_n-1}{2}}\equiv -1 \pmod{F_n}$.

证明 (1)设 p 为奇数 F_n 的素因子,则

$$2^{2^n}\equiv -1\not\equiv 1 \pmod p,$$

从而

$$2^{2^{n+1}}\equiv(-1)^2=1 \pmod p.$$

设 2 模 p 的阶为 d,则 $d\mid 2^{n+1}$ 但 $d\nmid 2^n$,于是 2 的幂次 d 只能是 2^{n+1}. 依费马小定理, $2^{p-1}\equiv 1 \pmod p$. 因此 $d=2^{n+1}$ 整除 $p-1$,即 $p\equiv 1 \pmod{2^{n+1}}$.

假设 $n>1$,则 $8\mid 2^{n+1}$,于是 $p\equiv 1 \pmod 8$. 由于

$$(-1)^{\frac{p-1}{2n+1}}\equiv(2^{2^n})^{\frac{p-1}{2n+1}}=2^{\frac{p-1}{2}}\equiv\left(\frac{2}{p}\right)=1 \pmod p,$$

$\frac{p-1}{2^{n+1}}$必为偶数,从而 $p\equiv 1 \pmod{2^{n+2}}$.

(2) $F_n=(2^2)^{2^{n-1}}+1$ 模 4 余 1 且模 3 余 $1+1=2$. 如果 F_n 为素数,则依二次互反律知

$$\left(\frac{3}{F_n}\right)=\left(\frac{F_n}{3}\right)=\left(\frac{2}{3}\right)=-1,$$

从而

$$3^{\frac{F_n-1}{2}}\equiv\left(\frac{3}{F_n}\right)=-1 \pmod{F_n}.$$

现在假设 $3^{\frac{F_n-1}{2}}\equiv -1 \pmod{F_n}$,我们来证 F_n 为素数. 设 3 模 F_n 的阶为 h. 由于

$$3^{\frac{F_n-1}{2}}\equiv -1\not\equiv 1 \pmod{F_n},\ 3^{F_n-1}\equiv(-1)^2=1 \pmod{F_n},$$

h 整除 $F_n-1=2^{2^n}$ 但 h 不整除 $\frac{F_n-1}{2}=2^{2^n-1}$. 因此 $h=2^{2^n}=F_n-1$. 由于 $3^{\varphi(F_n)}\equiv 1 \pmod{F_n}$, $h=F_n-1$ 整除 $\varphi(F_n)\leqslant F_n-1$. 于是 $\varphi(F_n)=F_n-1$,从而 F_n 为素数(因为 $1, 2, \cdots, F_n-1$ 都与 F_n 互素).

综上,定理 7.6 得证.

热尔曼(Sophie Germain,1776—1831)是历史上为数不多的杰出女数学家之一,她在 1823 年巧妙地用初等方法证明了下述重要结果.

定理 7.7 设 p 为奇素数且 $q=2p+1$ 也是素数. 则费马大定理第一情形对指数 p 成立,即丢番图方程

$$x^p+y^p+z^p=0 \quad (p \nmid xyz)$$

没有整数解.

证明 假设上述丢番图方程有整数解,则它必有适合$(x, y, z)=1$ 的整数解(因为当 $x, y, z \in \mathbf{Z}$ 满足丢番图时也有 $\left(\frac{x}{d_0}\right)^p+\left(\frac{y}{d_0}\right)^p+\left(\frac{z}{d_0}\right)^p=0$,这里 $d_0=(x, y, z)$).

如果素数 r 整除 $y+z$,则 r 整除 $-x^p=y^p+z^p$,而且

$$\begin{aligned} w &= y^{p-1}-y^{p-2}z+\cdots-yz^{p-2}+z^{p-1} \\ &\equiv y^{p-1}-y^{p-2}(-y)+\cdots-y(-y)^{p-2}+(-y)^{p-1} \\ &= py^{p-1} \pmod r. \end{aligned}$$

假如 r 是 w 与 $y+z$ 的公共素因子,则 $r|x$ 且 $r|py^{p-1}$,于是 r 整除 x 与 y 从而也整除 z,这与$(x, y, z)=1$ 矛盾. 因此$(w, y+z)=1$. 由于 $w(y+z)=y^p+z^p=-x^p$,依第 3 章定理 3.5(4)知,有整数 m 与 a 使得

$$w=m^p \text{ 并且 } y+z=a^p.$$

类似地,有 $b, c\in \mathbf{Z}$ 使得

$$x+y=b^p \text{ 并且 } x+z=c^p.$$

根据欧拉判别条件

$$d=\left(\frac{x}{q}\right)+\left(\frac{y}{q}\right)+\left(\frac{z}{q}\right)\equiv x^{\frac{q-1}{2}}+y^{\frac{q-1}{2}}+z^{\frac{q-1}{2}}=x^p+y^p+z^p=0 \pmod q.$$

而$|d|\leqslant 3<q=2p+1$,故必 $d=0$. 如果 $q\nmid xyz$,则 d 应为奇数,这与 $d=0$ 矛盾. 不妨设 $q|x$,于是

$$\begin{aligned} \left(\frac{b}{q}\right)+\left(\frac{c}{q}\right)-\left(\frac{a}{q}\right) &\equiv b^{\frac{q-1}{2}}+c^{\frac{q-1}{2}}-a^{\frac{q-1}{2}} \\ &= b^p+c^p-a^p=2x\equiv 0 \pmod q, \end{aligned}$$

从而又得 $q|abc$. 由于 q 不整除 y 也不整除 z(否则$(x, y, z)>1$),$q\nmid b^p$ 且 $q\nmid c^p$. 因此 $q|a$,从而 $q|y+z$. 这样我们就有

$$\left(\frac{m}{q}\right)\equiv m^{\frac{q-1}{2}}=m^{p}=w\equiv py^{p-1}\equiv p(x+y)^{p-1}$$

$$\equiv pb^{p(p-1)}\equiv p\left(\frac{b}{q}\right)^{p-1}=p\pmod q.$$

由于 $p-1$, p, $p+1$ 都不被 $q=2p+1$ 整除,我们得到矛盾.

如果素数 p 也使得 $2p+1$ 为素数,则称 p 为**热尔曼素数**. 前几个热尔曼素数为 2, 3, 5, 11, 23, 29, …,是否有无穷多个热尔曼素数还是个未解决的难题.

为把二次剩余理论应用到卢卡斯序列上,我们需要下述引理.

* **引理 7.1** 设 $A, B\in\mathbf{Z}$ 且 $\Delta=A^2-4B$. 则对 $n\in\mathbf{N}$ 有

$$2^{n-1}u_n(A,B)=\sum_{\substack{k=0\\2\nmid k}}^{n}\binom{n}{k}A^{n-k}\Delta^{\frac{k-1}{2}}.$$

证明 易见上式在 $n=0$ 时两边都是 0,在 $n=1$ 时两边都是 1.

现在让 $n\in\mathbf{Z}^+$,并假设对 $m=0, 1, \cdots, n$ 已有

$$2^{m-1}u_m(A,B)=\sum_{\substack{k=0\\2\nmid k}}^{m}\binom{m}{k}A^{m-k}\Delta^{\frac{k-1}{2}},$$

则

$$\begin{aligned}
&2^{n}u_{n+1}(A,B)=2A(2^{n-1}u_n(A,B))-4B(2^{n-2}u_{n-1}(A,B))\\
&=2A\sum_{\substack{k=0\\2\nmid k}}^{n}\binom{n}{k}A^{n-k}\Delta^{\frac{k-1}{2}}+(\Delta-A^2)\sum_{\substack{k=0\\2\nmid k}}^{n-1}\binom{n-1}{k}A^{n-1-k}\Delta^{\frac{k-1}{2}}\\
&=2\sum_{\substack{k=0\\2\nmid k}}^{n}\binom{n}{k}A^{n+1-k}\Delta^{\frac{k-1}{2}}-\sum_{\substack{k=0\\2\nmid k}}^{n-1}\binom{n-1}{k}A^{n+1-k}\Delta^{\frac{k-1}{2}}+\sum_{\substack{k=0\\2\nmid k}}^{n-1}\binom{n-1}{k}A^{n-1-k}\Delta^{\frac{k+1}{2}}\\
&=\sum_{\substack{k=0\\2\nmid k}}^{n}\left(\binom{n}{k}+\binom{n-1}{k-1}\right)A^{n+1-k}\Delta^{\frac{k-1}{2}}+\sum_{\substack{l=2\\2\nmid l}}^{n+1}\binom{n-1}{l-2}A^{n+1-l}\Delta^{\frac{l-1}{2}}\\
&=\sum_{\substack{k=0\\2\nmid k}}^{n}\left(\binom{n}{k}+\binom{n}{k-1}\right)A^{n+1-k}\Delta^{\frac{k-1}{2}}+\begin{cases}\Delta^{\frac{n+1-1}{2}} & \text{当 } 2\nmid n+1 \text{ 时},\\ 0 & \text{此外}\end{cases}\\
&=\sum_{\substack{k=0\\2\nmid k}}^{n+1}\binom{n+1}{k}A^{n+1-k}\Delta^{\frac{k-1}{2}}.
\end{aligned}$$

根据串值归纳法,对任何 $n\in\mathbf{N}$ 都有所要等式.

***定理** 7.8 设 p 为奇素数，$A, B\in\mathbf{Z}$ 且 $\Delta=A^2-4B$. 则

$$u_p(A, B)\equiv\left(\frac{\Delta}{p}\right)\pmod p,$$

当 $p\nmid B$ 时还有

$$u_{p-(\frac{\Delta}{p})}(A, B)\equiv 0\pmod p.$$

证明 对 $n\in\mathbf{N}$,让 $u_n=u_n(A, B)$, $v_n=2u_{n+1}-Au_n$. 根据引理 7.1,有

$$\begin{aligned}2^{n-1}v_n&=2^nu_{n+1}-A2^{n-1}u_n\\&=\sum_{\substack{k=0\\2\nmid k}}^{n+1}\binom{n+1}{k}A^{n+1-k}\Delta^{\frac{k-1}{2}}-A\sum_{\substack{k=0\\2\nmid k}}^{n}\binom{n}{k}A^{n-k}\Delta^{\frac{k-1}{2}}\\&=\sum_{\substack{l=0\\2\mid l}}^{n}\binom{n+1}{l+1}A^{n-l}\Delta^{\frac{l}{2}}-\sum_{\substack{l=0\\2\mid l}}^{n-1}\binom{n}{l+1}A^{n-l}\Delta^{\frac{l}{2}}\\&=\sum_{\substack{l=0\\2\mid l}}^{n}\binom{n}{l}A^{n-l}\Delta^{\frac{l}{2}}.\end{aligned}$$

由于 p 为素数,当 $k\in\{1, \cdots, p-1\}$ 时, $p\mid\binom{p}{k}$(由第2章例2.5). 因此

$$u_p\equiv 2^{p-1}u_p=\sum_{\substack{k=0\\2\nmid k}}^{p}\binom{p}{k}A^{p-k}\Delta^{\frac{k-1}{2}}\equiv\binom{p}{p}A^0\Delta^{\frac{p-1}{2}}\equiv\left(\frac{\Delta}{p}\right)\pmod p,$$

而且

$$v_p\equiv 2^{p-1}v_p=\sum_{\substack{k=0\\2\mid k}}^{p}\binom{p}{k}A^{p-k}\Delta^{\frac{k}{2}}\equiv\binom{p}{0}A^p\Delta^0\equiv A\pmod p.$$

当 $\left(\frac{\Delta}{p}\right)=0$ 时, $u_{p-(\frac{\Delta}{p})}=u_p\equiv 0\pmod p$. 如果 $\left(\frac{\Delta}{p}\right)=-1$,则

$$2u_{p-(\frac{\Delta}{p})}=2u_{p+1}=Au_p+v_p\equiv A\left(\frac{\Delta}{p}\right)+A\equiv 0\pmod p,$$

从而 $p\mid u_{p-(\frac{\Delta}{p})}$. 如果 $\left(\frac{\Delta}{p}\right)=1$,则

$$\begin{aligned}2Bu_{p-(\frac{\Delta}{p})}&=2Bu_{p-1}=2(Au_p-u_{p+1})=2Au_p-(Au_p+v_p)\\&=Au_p-v_p\equiv A\left(\frac{\Delta}{p}\right)-A\equiv 0\pmod p,\end{aligned}$$

从而当 $p\nmid B$ 时有 $p\mid u_{p-(\frac{\Delta}{p})}$.

综上,定理 7.8 得证.

推论 7.3 设 $\{F_n\}_{n\in\mathbf{N}}$ 为斐波那契数列，$p\neq 2,5$ 为素数. 则 $p\mid F_{p-(\frac{p}{5})}$，即当 $p\equiv\pm 1\pmod 5$ 时 $p\mid F_{p-1}$；当 $p\equiv\pm 2\pmod 5$ 时 $p\mid F_{p+1}$.

证明 $F_n=u_n(1,-1)$，故应用定理 7.8 可得 $p\mid F_{p-(\frac{5}{9})}$. 由推论 7.2(3) 知

$$\left(\frac{5}{p}\right)=\begin{cases}1 & p\equiv\pm 1\pmod 5\text{时},\\ -1 & p\equiv\pm 2\pmod 5\text{时}.\end{cases}$$

故有所要结果.

是否有素数 p 使得 $p^2\mid F_{p-(\frac{p}{5})}$ 呢？这种素数叫作 Wall-Sun-Sun 素数，也像热尔曼素数那样与费马大定理密切相关（参见网址 http://primes.utm.edu/glossary/page.php/WallSunSunPrime.html）. 计算数论学家已搜索到 2^{64} 仍未发现 Wall-Sun-Sun 素数，尽管稀少但直观上这种素数应有无穷多个.

习 题 7

7.1 设 k 与 m 为正整数，$a\in\mathbf{Z}$ 为模 m 的 k 次剩余. 证明：$a^{\frac{\varphi(m)}{(k,\varphi(m))}}\equiv 1\pmod m$.

7.2 设 p 为素数，$n_k(p)$ 为模 p 的 k 次非剩余中最小的正整数，则 $n_k(p)$ 必为素数.

7.3 6 是模哪些素数的平方剩余？

7.4 已知 257 与 1 901 为素数，判断 $x^2\equiv 137\pmod{257}$ 与 $x^2\equiv 195\pmod{1\,901}$ 是否有整数解.

7.5 设 p 为素数. 证明：同余式 $x^2+y^2+1\equiv 0\pmod p$ 有解.

7.6 设 $p\equiv 3\pmod 4$ 为素数. 证明：$q=2p+1$ 是素数当且仅当 q 整除梅森数 $M_p=2^p-1$.

7.7 设 p 与 $q=4p+1$ 都是素数. 证明：2 模 q 的阶为 $\varphi(q)=q-1$.

7.8 设 $p\equiv 1\pmod 4$ 为素数，则

$$\sum_{k=1}^{\frac{p-1}{2}}\left\lfloor\frac{k^2}{p}\right\rfloor=\frac{(p-1)(p-5)}{24}.$$

（提示：写 $k^2=p\left\lfloor\frac{k^2}{p}\right\rfloor+r_k$，则 $\sum_{k=1}^{\frac{p-1}{2}}r_k=\sum_{k=1}^{\frac{p-1}{2}}(p-r_k)$.）

*7.9 设 A 与 B 为互素的整数，p 为素数. 如果 q 为 $u_p(A,B)$ 的素因子但 q 不整除 B，则 $q\equiv\left(\frac{\Delta}{q}\right)\pmod p$，其中 $\Delta=A^2-4B$.

附录　作者提出的十个数论猜想

1. 大于3的奇数都可表示成$p+x(x+1)$的形式,其中p为素数,x为正整数. 每个不等于216的自然数可写成$p+x(x+1)/2$的形式,其中p为素数或者零,x为整数.(参看J. Comb. Number Theory 1(2009), 65-76.)

2. 对每个正整数n,都有0, …, n中某个k使得$n+k$与$n+k^2$均为素数.(参看http://oeis.org/A185636)

3. 每个$n=12, 13, \cdots$可表示成$p+q$的形式(其中q为正整数),使得p, $p+6$, $6q-1$, $6q+1$都是素数.(参看http://oeis.org/A199920)

4. 大于3的整数总可写成$p+q$的形式(其中q为正整数),使得p, $2p^2-1$, $2q^2-1$都是素数.(参看http://oeis.org/A230351)

5. 每个整数$n>1$可表示成$x+y$的形式,其中x与y为正整数,而且$x+ny$与x^2+ny^2都是素数.(参看http://oeis.org/A232174)

6. 大于1的整数总可写成$x+y$的形式,其中x与y为正整数,而且2^x+y为素数.(参看http://oeis.org/A231201)

7. 大于8的整数可表示成两个不同正整数k与m之和,使得$\varphi(k)\varphi(m)$为平方数.(参看http://oeis.org/A236998)

8. (超级孪生素数猜想)每个大于2的整数n都可表示成两个正整数k与m的和,使得p_k+2与$p_{p_m}+2$都是素数,其中p_j表示第j个素数.(参看http://oeis.org/A218829)

9. 对大于1的整数n总有1, …, n中的某个k使得1, 2, …, kn中恰好有素数个素数.(参看http://oeis.org/A237578)

10. 任给正整数n,总有1, …, n中的某个k使得不超过kn的孪生素数对恰好有平方数个.(参看http://oeis.org/A237840)